汽車未來趨勢

クルマはどう変わっていくのか

GP 企画センター　原著
張海燕、陶旭瑾　編譯
吳啓明　審閱

全華圖書股份有限公司

國家圖書館出版品預行編目資料

汽車未來趨勢 / GP 企画　　　一原著；張海燕
，陶旭瑾編譯. - - 初版. -- 臺北縣土城市：
　全華圖書, 2009.07
　　面；　公分
　譯自：クルマはどう変わっていくのか
　ISBN 978-957-21-7257-5(平裝)
　　1. 汽車設計　2. 汽車業
　447.11　　　　　　　　　　98010642

汽車未來趨勢
クルマはどう変わっていくのか

原出版社 / 株式会社グランプリ

原著 / GP 企画センター

編譯 / 張海燕、陶旭瑾

審閱 / 吳啓明

發行人 / 陳本源

執行編輯 / 葉家豪

出版者 / 全華圖書股份有限公司

郵政帳號 / 0100836-1 號

印刷者 / 宏懋打字印刷股份有限公司

圖書編號 / 06083

初版三刷 / 2017 年 3 月

定價 / 新台幣 300 元

ISBN / 978-957-21-7257-5(平裝)

全華圖書 / www.chwa.com.tw

全華網路書店 Open Tech / www.opentech.com.tw

若您對書籍內容、排版印刷有任何問題，歡迎來信指導 book@chwa.com.tw

臺北總公司(北區營業處)
地址：23671 新北市土城區忠義路 21 號
電話：(02) 2262-5666
傳真：(02) 6637-3695、6637-3696

中區營業處
地址：40256 臺中市南區樹義一巷 26 號
電話：(04) 2261-8485
傳真：(04) 3600-9806

南區營業處
地址：80769 高雄市三民區應安街 12 號
電話：(07) 381-1377
傳真：(07) 862-5562

看起來，汽車在短時間內似乎不會發生什麼變化。第一，如果人們握著方向盤時覺得有些不協調，那麼這輛車就是不合格的，雖然現在正當引進新技術之時，但如果與駕駛員想像的方向相差懸殊，是不會得到擁護的，而且，用戶一般會有一個比較保守的概念，會對跳躍性太大的東西投否決票。於是汽車製造商立足於此，引進新技術，透過一次次的累計，取得了很大進步。因此，雖然貌似沒有變化，但如果從一個較大的時間跨度來看，卻發生著很大的變化。看似未變，實則變化著，這就是汽車。

站在今後 10 年、20 年的角度來看，汽車似乎會發生前所未有的變化。如果電動汽車、燃料電池車能夠得到實際的應用，取代現在的內燃機，也許引擎的生產台數就會大幅減少，零組件的製造也會變得很少。那個時期遲早會到來，所以零組件製造商必須研究出相對應的對策。如果線控轉向技術得以實現，汽車將不再需要轉向軸，在不使用方向盤的時候，就可以將其收納到儀表板內，這樣上下車就變得方便了。這意味汽車將不再需要至今為止的零組件。

構成汽車的零組件會隨著技術的發展而發生變化，所以肯定會對汽車的相關產業產生很大的影響。這會使新的商機產生，但對現存的製造商來說，同時也是一個危機。

總之，隨著社會的變化和社會的要求，汽車也不得不改變。這個要求將達到前所未有的高度，因此，汽車製造商的勢力範圍甚至也正隨之變化著。但是，汽車的變化是連續性的，是依靠一次次的累積實現的。所以，我們就需要具體瞭解現在的汽車正在朝著什麼方向發展、有何種趨勢、興趣點彙集在何種技術上。

2005 年的東京車展，曾是瞭解這些的最好機會。日本的汽車製造商以及零組件製造商在技術上比較領先，他們手握著指示汽車未來發展方向的鑰匙。

本書希望以車展的取材為中心，透過總結汽車的現狀、技術動向等，來探索汽車將來的發展方向，並將其解釋得簡單易懂，以便喜歡汽車的非專業朋友們能夠讀懂。本書希望記述得盡量具體，但在取捨選擇上非常困惑，可以告訴大家，我們的工作人員之間甚至產生過意見分歧。

稿子的執筆人如下，第 1 章是桂木洋二，第 2 章是畔柳俊雄，第 3 章是熊野學、桂木洋二，第 4 章是廣田民郎、第 5 章是飯塚昭三，第 6 章是香取宏明，第 7 章是桂木洋二，其中第 3、4、6 章的框內文字主要是由廣田民郎負責的。

最後，謹對同意提供素材、材料等的汽車以及相關製造商的各位朋友表示感謝。

編輯部序

　　「系統編輯」是我們的編輯方針，我們所提供給您的，絕不只是一本書，而是關這門學問的所有知識，它們由淺入深，循序漸進。

　　本書以車展的取材為中心，透過總結汽車的現狀、技術動向等，來探索汽車將來的發展方向。本書總共分為七個章節其內容為：思考汽車今後的趨勢，新的設計潮流、動力單元的全新技術動向、混合動力車、燃料電池車與電動車的新動向、駕駛安全相關的系統、輪胎新技術。本書內容十分詳盡且簡單易懂，喜歡汽車的非專業朋友也能夠輕易了解。

　　同時，為了使您能有系統且循序漸進研習相關方面的叢書，我們列出各有關圖書，以減少您研習此門學問的摸索時間，並能對這門學問有完整的知識。若您在這方面有任何問題，歡迎來函連繫，我們將竭誠為您服務。

相關叢書介紹

書號：0507401
書名：混合動力車的理論與實際
　　　（修訂版）
編著：林振江.施保重
20K/288 頁/350 元

書號：0555302
書名：汽車煞車系統 ABS 理論與
　　　實際(第三版)
編著：趙志勇.楊成宗
20K/408 頁/380 元

書號：0609601
書名：油氣雙燃料車－LPG 引擎
編著：楊成宗、郭中屏
16K/248 頁/基價 7.6 元

書號：0618001
書名：車輛感測器原理與檢測
　　　（第二版）
編著：蕭順清
16K/216 頁/280 元

書號：04257
書名：汽車人因工程學
編著：陳金治
16K/168 頁/基價 6 元

書號：0311804
書名：汽車專業術語詞彙(第五版)
編著：趙志勇
20K/552 頁/500 元

◎上列書價若有變動，請
　以最新定價為準。

目錄

第 3 章　　動力單元的全新技術動向　　　　　　　45

目錄

CONTENTS

第6章　和駕駛、安全相關的系統　　　　　　185

目錄

第 7 章　著眼於未來的輪胎新技術　　221

Chapter 1

思考汽車今後的趨勢

1.世界汽車行業的現狀

聽到 CORONA、STARLET、CARINA、TERCEL/CORSA，SUNNY、CEDRIC/GLORIA、PULSER、VIOLET，以及 FAMILIA、CAPELLA、COSMO、GALANT 等名字，有的人會很懷念吧，這些都是過去各製造廠的主力車型，現在這些名字已經消失了。這些車有的給後繼車型讓了位，有的則像完成了使命一樣，連同名字一起消失了。另一方面，有的名字自誕生以來，已持續存在了 40~50 年，如 COROLLA(卡羅拉)、CROWN(皇冠)，以及 SKYLINE(天際線)、FAIRLADY。

但是，卡羅拉中的轎車並不是其主力車，其旅行版(FIELDER)及五門掀背式(RUNX)等 RV 風格的車成了其中心車型。相比汽車形象的延續，製造商更看重的是它的名字。例如 SKYLINE，製造商應該是不忍心讓這個很傳統的名字就此中斷，想繼續延用它，而不是要承襲它作為汽車的傳統。

從目標用戶和車的品格等方面來說，新上市的車型即使會繼承之前的汽車，也不喜歡舊的名字帶來的陳舊感覺，所以新車型新名字的例子越來越多。

隨著汽車朝著多樣化發展，轎車佔據主流位置的時代結束了，目標用戶不同、性格各異的汽車開始出現。也許正是由於這個原因，製造商無法將車名拘泥在傳統名字上。

這些是社會的變化反映在汽車身上的。人們是根據生活方式選擇汽車的，所以這是理所當然的。

CEDRIC/GLORIA 被 FUGA 所取代，就是發生在最近的事情。而作為競爭對手的同車型的豐田 CROWN(皇冠)，則變為 ZERO CROWN(零皇冠)，成了現在的樣子。但是，正如之前"總有一天要買一輛 CROWN"的宣傳語所言，作為國產名牌車，PRESIDENT 和 CROWN 是成功的，但是豐田創造了 LEXUS(凌志)品牌，這個品牌所銷售的汽車將成為豐田的高級車，所以 CROWN 這個傳統的消失也許只是一個時間問題了。

固守傳統，則會落後於新時代的潮流，這是所有製造商的共識。他們必須捨棄陳舊的形象。於是，各製造商開始忙於應對這方面的社會變化。

圍繞著汽車發生的變化是全球性的，特別是在亞洲，汽車正發生著戲劇性的變化，而且，即使是在發達國家，產業結構和生活習慣等，也正以瞬息萬變的速度發生著變化。

　　汽車製造商之間的競爭非常激烈，各個製造商明白，要想成為勝利者，就不容有一刻的停滯。

▤ 2.汽車製造商國際形勢的變化

　　20 世紀 90 年代中期前後，人們曾使用過 400 萬輛俱樂部這個辭彙。據說，在當時，一年確保這個規模的產量，是作為全球性製造商生存下來的條件。但強大的世界性汽車製造商發揮自己的特色，分別佔據各地的時代已經成了過去式，從各個方面正面一決勝負的趨勢正愈加明顯。

　　比較明顯的例子是 MERCEDES BENZ(梅塞德斯賓士)面向大眾 A 級車的上市和超小型汽車 SMART 的開發。另一方面，VOLKSWAGEN(福斯)汽車試圖脫離大眾汽車製造商的行列，決心開始銷售高級名牌汽車 Phaeton(輝騰)。高級汽車想進入大眾汽車市場，大眾汽車製造商則欲在高級汽車市場站住腳。梅塞德斯當時穩坐高級車的寶座，但得不到年輕人的支持，梅賽德斯也曾顯得非常焦燥。

　　豐田、日產也憑藉 LEXUS(凌志)和 INFINITI(魅力無限)打入高級車市場，各國的強大汽車製造商在世界市場上呈現出了激烈競爭的狀況。為了生存下去，擴大規模是一個絕對重要的條件，當時各大製造商都這樣認為。

　　在這個背景下，世界性的製造商開始結盟。令人意外的是，梅賽德斯賓士將曾是美國三大汽車製造商之一的 CHRYSLER(克萊斯勒)收入旗下，成立了戴姆勒克萊斯勒，雷諾與日產締結了協同關係，而且除了五十鈴之外，鈴木也加入了通用汽車集團。馬自達也歸入了福特，在日本的汽車製造商中，保有自主獨立地位的就只有豐田和本田了。

　　但是，現在這種狀況下，即使強大汽車製造商的生產量超過 400 萬輛，也不能說他們就能按照各自所描繪的腳本去發展。戴姆勒設計的超小型汽車 SMART 正在被重新認可，但 A 級汽車的銷售量並未超出預期。事實說明，賓士的三叉星標誌並不是萬能的。福斯汽車的輝騰也失敗了。在不擅長的領域，事情往往不會太順利。

在這種情況下，即使不情願，重新審視優先擴大規模的想法也成了必須做的事情。如何以擅長的領域為基礎，預見不斷變化的時代要求，來製造汽車是很重要的道理開始明瞭起來。

3.日本製造商國際地位的提升

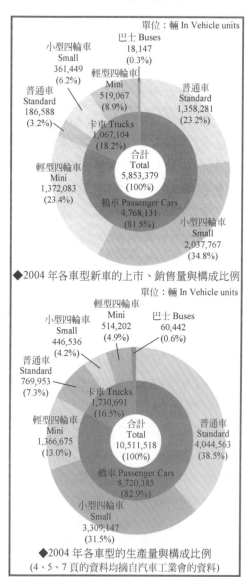

單位：輛 In Vehicle units
巴士 Buses 18,147 (0.3%)
小型四輪車 Small 361,449 (6.2%)
輕型四輪車 Mini 519,067 (8.9%)
普通車 Standard 186,588 (3.2%)
普通車 Standard 1,358,281 (23.2%)
卡車 Trucks 1,067,104 (18.2%)
輕型四輪車 Mini 1,372,083 (23.4%)
合計 Total 5,853,379 (100%)
轎車 Passenger Cars 4,768,131 (81.5%)
小型四輪車 Small 2,037,767 (34.8%)

◆2004 年各車型新車的上市、銷售量與構成比例

單位：輛 In Vehicle units
輕型四輪車 Mini 514,202 (4.9%)
小型四輪車 Small 446,536 (4.2%)
巴士 Buses 60,442 (0.6%)
普通車 Standard 769,953 (7.3%)
卡車 Trucks 1,730,691 (16.5%)
輕型四輪車 Mini 1,366,675 (13.0%)
合計 Total 10,511,518 (100%)
普通車 Standard 4,044,563 (38.5%)
轎車 Passenger Cars 8,720,385 (82.9%)
小型四輪車 Small 3,309,147 (31.5%)

◆2004 年各車型的生產量與構成比例
(4、5、7 頁的資料均摘自汽車工業會的資料)

日本製造商一直堅持進行車輛的開發，以應對不斷變化的狀況，如今，日本製造商已作為強者凸顯出來。

日本的汽車產業起步晚於歐美，追趕上他們成了日本的首要課題。起步時期，在技術水準和生產規模上，日本汽車產業與歐美汽車產業之間存在著巨大差距，但是日本一邊追趕他們，一邊探索獨特的方法，最終成功追了上去。

其最大成果是豐田的看板式管理、高效率生產方式的確立。並不是只有豐田採取了這種方法，本田、日產也採用了相似的方法，所以他們也一起成長了起來。

日本製造商一邊模仿，一邊逐漸追趕上了他們，但是就在這時，世界性的巨大變化潮流襲來了。那就是能源危機和排氣問題。如今已不是為了生活得富裕而舒適，即使消耗大量能源也被允許的時代了。

控制排氣和削減燃料消耗量成了時代的要求。到了 20 世紀 70 年代，在美國，這兩方面均受到了規範，這個時候，美國的汽車製造商認識到自己不得不勉強服從，但日本製造商覺悟到的是如果自己無法超越這種規範，就無法生存下去，並做出了努力。

當然，美國製造商也非常認真地付出了努力，但是不管怎麼說，他們的認識沒有深刻到不超越這種規範，就無法生存下去的程度。

他們認為，如果通用汽車和福

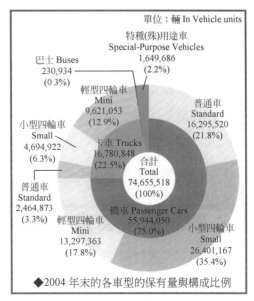

◆2004 年末的各車型的保有量與構成比例

特做不到，整個世界就都做不到。因為當時美國汽車產業的規模是非常大。

《美國 1970 年防止大氣污染法》非常嚴格，它希望透過排氣規範將有害物質降低到這之前的 10 分之 1，這個法律開始實施的時候，美國製造商認為，以當時的技術力量是無法做到的。製造商們很願意協助清理排氣，但在做不到的情況下，他們提出了延期實施規定的要求。

當時，日本已經實施了與美國水準相同的規定，但是在美國，控制氮氧化物的規定遭遇延期，結果，日本的排氣規定成了世界上最嚴厲的排氣規定。規定可以透過行政手段強行推行，但針對公害問題的輿論非常嚴厲，製造商們最後不得不積極應對此事。其認真程度不同於美國、歐洲的製造商。

美國的石油靠從阿拉伯進口，與政治問題密切相關，因此，美國實施了油耗規定，雖然規定是在這種情況下實施的，但它阻止了有限的石油的消耗增大。日本汽車本來就比較小，油耗也比較小，所以能源危機使日本車開始一帆風順。日本製造商在出口美國方面做出了很大的努力，透過全力構築自己的地位，之後，日本製造商將向在當地進行生產的目標邁進。

為了控制油耗和對抗日本車，美國汽車製造商將打入小型車市場作為自己的課題，不斷向市場投入新車型，但幾乎每次都不太成功。美國未能瓦解日本車的根據地，反而在日本車增加市場配額上做出了讓步。

為了應對油耗規定，汽車開始朝著小型化方向發展，通用汽車率先決定採用 FF 方式。到 20 世紀 70 年代為止，日本車一直以 FR 方式為主流，但自此，日本車開始一齊嘗試轉而使用 FF 方式，並在維持小型車的優勢上獲得了成功。

在油耗規定變得嚴格的時候，日本汽車製造商追趕上了歐美的技術，在能源危機和之後的油耗性能愈加受重視的環境下，情況變成了日本汽車製造商在自己擅長的領域與對手競爭，並最終成功地擴張了勢力。

4.開發無公害車的摸索

加利福尼亞州的洛杉磯市已經成了一個沒有汽車便無法生活的城市，在這裏，公害問題也很突出，於是這裏率先開始規範汽車排氣。加利福尼亞實行的規定不久便普及到美國全域，為世界樹立了一個榜樣。

到了 20 世紀 90 年代，加利福尼亞州提出了一項規定，訂出了未來無公害汽車應有的狀態。這項規定指出，在加利福尼亞州進行銷售的汽車廠家，必須按一定的比例生產無公害汽車。當時，只有電動馬達的 EV 車符合規定，長久以來的以使用內燃機為動力的汽車，已經無法滿足當時的需求了。

但是，要想靠馬達行駛，必須搭載一個很大的電池，在當時，使用 EV 車不太實際，但現在卻逐漸明朗起來。於是，燃料電池車開始受到了關注。透過使氫氣和氧氣產生反應發電，從而獲得能源的系統如能完全正常運轉，排氣管流出的將只有水。但是，由於可信性和成本等巨大障礙存在，實際應用這種車至少是 10 年以後的事情。

試圖透過開發無公害 EV 車來提高馬達和電池的效率、削減成本的豐田，以這項技術開發為基礎，並用內燃機和馬達，成功開發出了具有劃時代意義的能夠降低油耗的混合動力車。

如果問起為什麼要試圖較低油耗，那麼唯一的答案就是為了符合嚴格的排氣規定，應對全球暖化(溫室效應)、減少 CO_2。

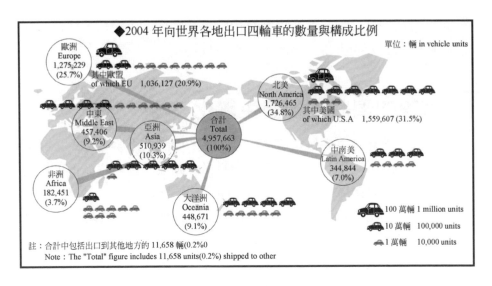

◆2004年向世界各地出口四輪車的數量與構成比例

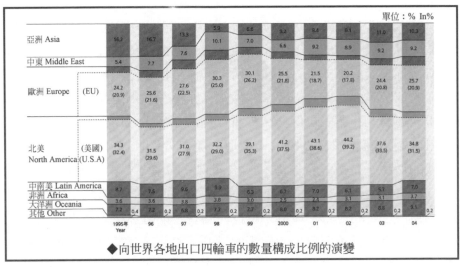

◆向世界各地出口四輪車的數量構成比例的演變

　　排氣與油耗是今後汽車的最重要課題。這兩點是日本汽車製造商最應該認真努力的方向，這種認識已經成了一種傳統。

　　從追趕歐美的時代開始，日本汽車製造商就已經練就了朝著當前的目標課題努力的素質。課題越明確，日本汽車製造商就越能發揮力量。

　　現在，保護地球環境，不讓汽車的形象變成一個社會性的壞人這個實際而明瞭的課題就擺在眼前，正是一個能夠凝聚力量的目標。

如果當初是讓日本製造商自行發現將來的課題，那麼日本製造商肯定無法發揮出如此大的力量，並產生了指導性作用。

☰ 5.汽車的現狀正要發生變化

現在的汽車滿載著高科技機器。引擎電子控制技術原本是為了解決排氣規定問題而開始出現的，它突破了一個又一個人們曾經認為不可能實現的技術障礙。在此領域，日本汽車製造商發揮的作用很大。引擎的電子控制技術原本是通用汽車和德國 Bosch(博世)的主意，但是成功將其實際應用起來的是日本。這全靠嚴格的排氣規定。

另一方面，歐美的先進製造商一點點提高車輛的安全性能，並使其行駛性能取得了進步。但是，這個進步有些緩慢。

MERCEDES(梅賽德斯)一直以有意識地努力的狀態致力於汽車的安全，並取得了很大的成果，但能夠成為梅賽德斯這種高級車用戶的人們才能擁有特權享受以上成果。這種技術上的優越性不是汽車製造商的能夠決定勝負的招數，大眾車有大眾車的做法。雖然在技術上並不高超，但如果在成本或經濟上具有一定優勢，就有存在的價值，並得到了用戶的支持。

日本製造商將僅在高級車上採用的美麗外觀和技術帶入大眾車並使之普及的做法，是改變世界汽車製造商現狀的重要要素。PRIUS(普銳斯)不是高級車，從大小和價格上來說也是大眾車。大眾車應該是以不富裕的人群為物件生產的汽車，運用了新技術的普銳斯雖然是大眾車，但它是帶著超越大眾車的新車形象和價值觀面世的。如果沒有高效率而充分地使用引擎的控制技術，普銳斯的混合動力系統就無法成立。日本製造商擅長的領域技術，對世界是一個衝擊。

混合動力車領域是由日本製造商引領的，但由於之後原油價格的上漲，保護地球環境思想的覺醒等原因，日本製造商的優勢愈加明顯了。

美國製造商在混合動力技術上落後了，但他們很樂觀地認為這不會造成太大的損失，但事情逐漸不再如此。現在，GM 甚至已經被豐田奪去世界第一的地位。豐田甚至擔心如果進一步對他們窮追不捨，可能會與自己的利益衝突。

　　SUV 領域曾經是美國汽車製造商的利益中心，但是從幾年前開始，日本車就已經正式打入此領域，

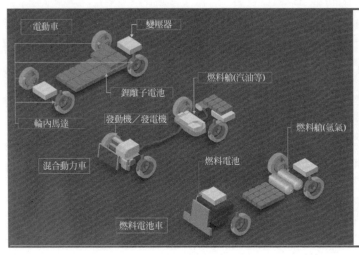

三菱的 LANCER (藍瑟)EV 在車展上展出了，如果能夠運用這項技術，就有可能開發出混合動力車和燃料電池車了。這兩種車使用的許多零組件都是相同的，人們正在努力從馬達和電池開始開發。

　　從 2004 年開始，豐田在這個領域也導入了混合動力車。之後，原油漲價風潮來襲，汽油價格上漲，與此同時，美國製造商的 SUV 開始難以銷售，SUV 本身的人氣也開始蒙上了陰影。

　　美國製造商越來越無法生產出能夠與日本車抗衡的汽車。但他們將日本製造商當作競爭對手，最後只能在每次的結算期謀求利益。

　　與作為汽車的動力比較，燃料電池也許會先作為發電裝置而普及開來。在很遠的地方發電，再透過很長的電線將其送到各個家庭的時代也許會終結，如果各個地區、辦公地點或家裏有發電裝置，發電的能

在 2005 年的東京車展上，豐田和凌志分別設定了攤位。

以喜美混合動力車為首的本田的攤位

效就會提高，而且生活方式也會發生變化。進入電無所不在的時代，人們的生活方式和每天的行動正將發生很大的變化。

同樣，汽車也正將發生變化。

在 2005 年的東京車展上，散發著一種與之前的車展不同的氣氛。首先是汽車廠家爲了最佳化環境，化身爲拖車的行爲似乎得到了認可，散發出一種快樂的氣氛。再就是他們預測出了汽車未來應走的方向，覺得很安心，並且正在此基礎上爭取技術上的進步。率先做到這一點的是日本製造商，因爲他們對這些問題自信滿滿。

在過去的車展上，汽車製造商非常重視汽車的外觀美化做秀，以便能夠受到大家的歡迎，但是這種車型已經消失無蹤了。即使是概念車型，也會有堅定的目標，並能夠清楚地表現出製造商今後的態度。

豐田的燃料電池車 Fine-X，前輪可以轉動 90 度，日産的電動車 PIVO，駕駛室部分可以旋轉 180 度，前面直接變成後面，從而做到總是以前進的狀態行駛。他們各有各的稀罕之處，所以都很受歡迎，

而且只要運用現在的汽車技術，就可以使其結構成立，而這些就是以此爲創意創造出來的。雖然它們未必能直接上市銷售，但它們作爲汽車的功能已經可以實現。

起始於引擎的電子控制如今已遍佈整個車身，之前只能靠機械完成的事情，如今用電子信號就可以啓動，汽車的自由度得到了很大的提高。如何充分利用這些技術，怎樣才能進一步發揮出汽車的魅力，各製造商對汽車未來趨勢的理解程度，汽車本身將如何發展等問題將變得更加嚴峻。

另一方面，如果燃料電池車和電動車等無公害車將來得到實際應用，汽車所用的動力將會如何發展呢？

混合動力系統是有力答案之一，而且，我們在第 3 章將要說到的預混合壓縮機也作爲一個有力的答案，正收到多方的關注。這是一種將汽油引擎和柴油引擎的優點結合起來的引擎，其能效很好，所以預計可以提高汽車的油耗性能。雖然它比現在的引擎更難控制，但與搭載馬達和電池的混合動力車相比，也更簡單。

綜合考慮起來，究竟哪個更有利？或者說應該使用這個引擎，還是應該使用效率更好的混合動力系統。

現在，生物燃料越來越引起大家的關注。將以植物等為原料的酒精或乙醇與汽油混合製成的燃料，應該立刻可以應用起來。實際上，巴西從很久以前就用酒精燃料驅動汽車，而且福特已經在銷售用 85%的生物燃料和15%的汽油燃料的汽車。問題是能夠提供這種燃料的供給站很少。

實際上，像汽車產業這種關聯範圍較廣的領域並不多。汽車技術的發展不僅要靠汽車製造商技術人員們的努力，還要靠生產汽車不可或缺之零組件的製造商生產出極優質的產品。

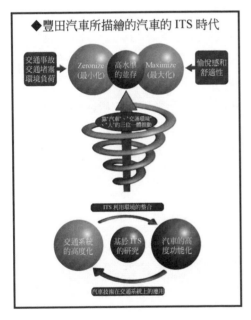

◆豐田汽車所描繪的汽車的 ITS 時代

交通事故 交通堵塞 環境負荷

Zeronize（最小化）　高水準的並存　Maximize（最大化）

愉悅感和舒適性

靠「汽車」、「交通環境」、「人」的三位一體推動

ITS 利用環境的整合

交通系統的高度化　基於 ITS 的研究　汽車的高度功能化

汽車技術在交通系統上的應用

要想開發混合動力車和燃料電池車，相關零件製造商技術人員的積極配合是不可或缺的。而且，進入汽車作為發送資訊和接收資訊裝置貢獻力量的時代，汽車還將作為 ITS 的中堅力量活躍起來，因此，對於汽車相關產業來說，一個巨大的商機已經展現出來。我舉一個簡單易懂的例子，如果能夠成功開發出用於驅動系統的馬達和電池等劃時代的產品，許多製造商都將採用。混合動力車的產量一旦增加，隨之而來的就是對用於驅動的電池的需求。電動車和燃料電池車也是如此。

引擎的電子控制將得到進一步的發展，整個車身同樣也會導入控制技術。在參考展出的汽車上便使用了線控轉向和線控煞車技術。過去由機械完成的操作

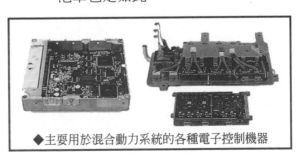

◆主要用於混合動力系統的各種電子控制機器

如果能由電子信號完成，所使用的零組件將與之前大不相同，即使這些技術得到實際的應用是很久以後的事情。

　　日本汽車產業的強大不僅在於汽車製造商，日本的零組件製造商的技術也很高超。而且，透過配合開發利用電子控制汽車的技術、混合動力系統、燃料電池車，日本汽車製造商與電機製造商的關係得到了深化，在研發混合動力車系統方面，豐田與松下已共同出資開始生產電池等，日本汽車行業開始出現前所未有的動靜。ITS 時代的汽車概念會超越之前的汽車概念，因此，試圖打入汽車相關領域的企業正在增多，其數量之多是前所未有的。

　　與汽車相關的強大企業普利司通正在開發輪內馬達，這一點大家會在第 5 章讀到。如果他們開發的產品與汽車製造商開發的更好，他們會將產品集中供給汽車廠家，這樣一來，汽車行業將脫離之前的動力系統理應由公司自行開發的圈子，汽車製造商也許將進一步以組裝生產為中心。對於關聯企業來說，這也要求他們應對汽車的變化。今後，要想拼命生存下來，企業就需要其他製造商有高超技術能力。為了適應以上要求，各零組件製造商都在拼命努力，這是如今的一個現狀。

　　汽車將發生變化，這意味著不僅是汽車製造商，零組件製造商、新加入進來的企業也必須改變。

Chapter 2
新的設計潮流

1.恢復了活力的汽車設計方式

　　如今，全世界的汽車設計理念正在發生著很大的變化。去看世界上的車展時，會覺得新舊設計混合的現象很有趣。最新的設計未必就是珍貴的。但是，我們甚至可以說如果不在設計上創新，就沒有價值。在接觸新鮮的形式時，我們往往會覺得不協調，但不久就會覺得它看起來很舒服。如果至今為止你認為最美的汽車，作為主張不同價值觀而設計出來的汽車之對手登場，在一瞬之間就會顯得很陳舊。但即使是一出現就被認為是創新設計，而且很受好評，有時也無法成為主流。看起來雖然覺得很舒服，但總是覺得有些麻煩和不得要領，這就是汽車的設計。

　　很難得的是，2005 年的東京車展上有很多值得一看的汽車。特別是充滿活力的日本製造商，推出了許多新車和概念車。與量產車不同，概念車是為了將一種想法(概念)具體化，且拋開許多現實問題的不完整的車。但雖然如此，它卻能展示出今後的可能性，並賦予我們一個夢。

　　與數年前相比，不破壞環境、節約能源、提高安全性能等圍繞著汽車的嚴峻環境並未有所好轉，但我們看到了些許能夠克服難題的希望。其代表就是混合動力汽車、燃料電池車。混合動力車在轉眼間就得到了普及，而且已經是世界上一種不可或缺的商品。燃料電池車實際應用的時代也即將到來。

　　設計師們在數年前確實迷失了方向。但如今他們已敏銳地感覺到了這種變化，並提出了許多積極的方案。懷舊熱潮等簡單地模仿老式汽車是沒有創意的證明。在過去的車展上很常見的用來招攬顧客的僅僅很稀奇、很荒唐的概念車消失也是一件好事。

在靠內燃機行駛的汽車初次出現的 19 世紀至 20 世紀初期，人們嘗試過各種配置方式，是潘哈德‧勒瓦索爾創造了 FR 配置方式這種新形式。同理，在設計領域，我們已經看到了活用新的動力源泉和驅動系統的努力，但尚未有新的形式誕生。

以馬達為動力的燃料電池車僅用纜線連接元件，在配置方式上有一定的自由度。可以將元件細分，塞入死角。這樣就可以將人使用的空間放在第一位來佈置元件。將元件做成適合這種空間的形狀應該是住在狹小房屋內的日本人所擅長的。

我們首先從自由度很大的未來汽車的樣式設計看起吧。

■ 有夢想的概念車

其中之一應該是豐田的燃料電池混合動力車 Fine-X 的輪內馬達。在原理上，車的四個輪子可以自由地操縱並驅動，它能作原來引擎利用軸將動力傳送至驅動輪的汽車無法做到的運動。

◆TOYOYA Fine-X

底盤下的 FC 單元和四輪輪內的馬達使此車實現了高效率的空間運用。它擁有 ist 的大小(高度也是一樣)，Camry(嘉美)的室內空間。雖然我們很喜歡車門巨大的開口部分，但其實用性尚是一個疑問

整體上都很先進的概念車需要與之協調的室內創意

日產的 PIVO 雖然是用兩個馬達驅動 4 輪，但它的駕駛室可以旋轉 180 度，從而做到了使車總是保持前進運動。這種技術如果能實現，對不擅長倒車的女性來說，是一個福音，而且，這樣可以更為有效地利用之前空間利用率不高的停車場，其經濟效益也很值得期待。

　　另一輛是豐田在愛知的萬國博覽會上展出的 i-unit。在一系列的作品中，2001 年的 pod 是一款實用性能較強的車，而且 2003 年的 PM 還能防雨。但是，i-swing 太小了，甚至讓人認為它是小型車或是更小型的車。我覺得它有些過度重視技術因素了。這讓它逐漸遠離了汽車。我想這種汽車很難在高速公路上進行長途行駛。汽車至少要能乘坐兩個人，但這輛車無法做到，而且它無法在高速公路上行駛，無法全天候行駛，這使它失去了許多汽車的便利性。

　　我想，豐田在名古屋 ITS 國際會議上提出的 "將來我們將使交通事故的發生率為零" 的高遠目標，是一個有勇氣的提案，也是劃時代的。為了讓悲慘的交通事故消失，希望大家都為之努力。

　　而且，全世界有許多高齡司機。身體上有障礙的司機也不少。我想，支援肢體殘障人士和高齡老人駕駛，並保證汽車具有便利性是先進技術的目標。這之後，再去滿足有錢人和速度狂人也不遲。

◆Nissan PIVO

這輛車將一個單一的目標完美地具象化了。但可惜的是，圓形的車室沒有什麼必要性。

◆pod(2001 年)　　　　◆PM(2003 年)　　　◆i-unit(2005 年愛知地球博覽會)

◆TOYOTA i-swing(2005 年東京車展)

如果是考慮到未來交通系統的
提案，不是應該更優秀嗎？

　　i-unit 像可以隨心所欲飛上天空的孫悟空的筋斗雲一樣，而且從正面
互相高速橫過，也絕對不會發生衝撞，我想，至少它能使無論何地、何人
都可以使用代客泊車(valet parking:高級賓館或飯店門前有專門的服務人員
代為泊車，有必要的時候，還會幫客人取車的方便服務)的劃時代系統有可
能實現。

　　至少，在愛知萬國博覽會的展示中，這輛車是可以無人駕駛的，而且，
我們可以認為，它可以讓已經實現了一半的 Prius(普瑞斯)的泊車輔助系統
得到進一步的發展。我想，那時人們就不用冒著酷暑、寒風或風雨，提著
沉重的東西出入又遠又陰暗又危險的停車場，就可以安全而舒適地上下車
了。

　　由於是無人駕駛，所以不需要預留上下車的空間，停車場的利用率就
會提高。如果空間利用率得到提高，停車費也會下降，而且，不自覺地違
規停車現象消失也將不再是夢想。

▋MECRCEDES-BENZ(梅賽德斯賓士)的 F600 和 S 級車

　　梅賽德斯的 F600 是作為一款專門為燃料電池車開發的車型亮相的。雖然它大膽的外形設計會蒙蔽住我們，但是令人意外的是，它很平凡，相比迷你車，它的輪廓更接近於有引擎蓋的 SUV。F600 雖然是燃料電池車，但與混合動力車一樣，在負荷較大的時候，它會從電池供電。據說，此概念車將各個元件縮小了，以確保其擁有較搭載內燃機的汽車更廣闊的室內空間。我們可以理解其將既笨重油耗又高的 SUV 做成燃料電池車的原因。

◆Mercedes-Benz F600HY
(梅賽德斯-賓士 F600HY)

它取代 A 級轎車，作為 FC 車嶄新亮相了，相較 A 級車，它更接近於擁有大尺寸引擎機蓋的 SUV。

　　雖然賓士周圍的環境很嚴峻，但令人意外的是，新 S 級轎車的反應比較樂觀，再次成為一款大受歡迎的汽車。它的基本造型正如我們看到的日本車一樣，很現代，大大的水箱護罩、三角形的大燈、略顯圓鼓的車頂、兩層式後廂等雖然很普通，但它那強調車輪的輪弧讓重而大的車身顯得很輕巧。現在，這種強調輪弧的造型在全世界的汽車上都非常流行。我們不能忽視的是，這也是許多汽車寬度擴大的一個原因。

這輛車的看點也許在室內。電傳線控技術得到了進一步的發展，所以這輛車沒有變速手柄的中央控制臺，而且，將高度、視線的移動控制在最小限度的多功能寬屏顯示器是很新穎的。BMW 也是如此，但是如果只因需要將顯示器設置到較高的位置上，即使在造型上多少有些困難，也去說服設計師實現這個目標的做法是荒唐的。此外，我們知道，設計得很簡約的按鈕等追求的是簡單的趨勢。

　　它依然很美，運用了很多紋理，配以曲線。它決不是新穎的，也不是未來感的，但我們明白，它大體上縮小了世界富裕階層的平均價值觀。

◆Mercedes-Benz S class(梅賽德斯-賓士 S 級)

其設計讓人一看便知是賓士。它既輕快
又優雅，具有壓倒競爭車型的魅力。

發起攻勢的日本車

不忽視愉快的行駛感的日產 GT-R Proto

　　2007 年上市銷售的 GT-R 在發售之前，歷經了千錘百煉。現在流行的大嘴、向下傾斜的車頂、底盤的楔形輪廓等都是典型的現代設計(流行)。今後，還會有更多的汽車以相同的樣子亮相吧，所以這樣下去，這種設計的影響力也許就會被沖淡。它唯一獨特的地方是像魚鰓一樣的葉子板。

　　但是，作為一款量產跑車，這是一種比較有衝擊力的設計。

◆Nissan GT-R Proto(日產 GT-R Proto)
將保險桿吞下的巨大散熱器格欄、
向下傾斜的車頂、喇叭形的
車輪等立體感很強
的側面很新鮮

◆Nissan GT-R Proto(日產 GT-R Proto)的草圖和實車圖
　草圖上翼子板的鰓狀處理看起來非常自然。

　　與保時捷、法拉利等僅拘泥於懷舊跑車的車不同，它完全沒有被懷舊跑車所侷限，這是非常令人驚訝的。

▍LEXUS 牌高級跑車 LF-A

　　凌志這個品牌，是日本製造商第一次如賓士、BMW 等歐洲製造商一樣，將商品身份統一的一個戰略。到了現在，豐田即使想將身份統一，也是不可能的，因為它的陣容過於強大了。統一身份的優點在於，無論看到哪個商品，都會立刻想到這個品牌，但反之，是否能充分發揮每個商品的個性成了設計上的課題。

　　製造商豪言壯語地稱之為 "凌志牌的高級跑車" 的 LF-A，完美地解決了品牌形象與跑車形象對立這個難題嗎。它雖然充分表現出了它的身份，但它的力量、活力、魅力都不夠，我覺得它並不十分像一輛跑車。

◆LEXUS LF-A(凌志 LF-A)
它拋開了古典跑車的樣式，如果未塑造出跑車的新形象，就無法給人一種十分感動的感覺。

◆Mitsubishi i(三菱 i)
這是一輛將引擎傾斜 45 度設置在車的中後方，外形爲靈動的流線型，且在空間上貪得無厭的汽車。

▌三菱 i 東京車展

　　這是一輛輕型車，爲了創造一個寬敞的室內空間，它採用了引擎中後置方式，這種設計非常優秀。它流線型的外形雖然簡單，但即使從遠處看也是一目了然。它的外形設計與其合作方的 Smart FourTwo 有些相似，但非常具有獨創性。它身上沒有任何無用的設計，非常合理，在成本上也應該比較有優勢。它那健康而明快的形象會讓三菱獲得重生吧。

2.真正的創意並不輕浮

　　那麼，從現在開始，我們就來嘗試著思考一下今後的設計方向。

　　捕捉瞬間即可看到廣域，追溯時間軸即可發現變化。即使是在相同的時代發表的東西，也混雜著舊設計和新設計。新設計中隱藏了一種很深刻的思想。我們容易認爲創意只是"偶然的想法"，但在這幾十年間成形的幾個引發世界變革的創意，並不是"偶然的想法"，正因爲有了 "新的想法或思想"，我們才有了改變潮流的巨大力量。

　　例如，用前立柱突然截斷葉子板線條與腰線的情況。如今，這已經是司空見慣的了，但是在此之前的很長一段時間裏，人們對"葉子板線條位於腰線的延長線上"這一點深信不疑。當然，在很久以前，葉子板線條並未與引擎蓋線條和腰線完美地結合在一起。當它們流暢地結合在一起時，汽車又向簡單化邁進了一步，而且這種樣式顯得非常考究。因此，大家都對它們絕對應該流暢地結合在一起這一點深信不疑。

　　但是，爲了將較高的腰線和較低的引擎蓋前端結合起來，就必須　或做出坡度，　或做出圓弧，又或是將其切斷。在此之前，喬治亞羅爲了做到不讓葉子板線條和腰線結合起來，反覆作了很多實驗。

　　他認爲"葉子板線條和腰線不一定非結合在一起"，於是他於 1970 年設計的立柱與葉子板線條切斷的 Porche Tapiro、1972 年的 Maserati Boomerang(即使從平面上觀察也是切斷的，這一點很有衝擊力)問世了。1974 年，在第一代 VW GOLF(高爾夫)上，這兩個線

◆ITAL DESIGN Manta
（義大利設計 曼塔）
(1969 年)
Giugiaro(喬治亞羅)

這輛車彙集了與引擎蓋罩結合在一起的傾斜度很大的前擋風玻璃、固定框格三角窗、巨大的車輪現代小型多功能廂式的所有特點，是小型多功能廂式車的設計鼻祖。

◆Porsche Taoiro
（保時捷 Tapiro）
(1970 年)

這輛車的葉子板線條不僅與腰線切斷了，也與前立柱切斷了。

條是切斷的。

要想努力做到讓所有人接受，並巧妙地處理不協調感，使其顯得自然，不僅需要努力，還需要卓越的造型才能。

▊ 從長遠來看很有趣的 "造型的簡單化" 即將到來

◆Pininfarina Modulo
(賓尼法利納 Modulo)
(1970 年)

簡單得不能再簡單的車身。我們花了很長時間仍未做到的汽車終極樣式。這幅車在這一年舉行的大阪萬國博覽會上也參展了。

◆Maserati Boomerang
(瑪莎拉蒂 Boomerang)
(1972 年)

即使從一個平面來看，前葉子板也是與腰線、前立柱獨立的。我們知道這是用許多直線做出的巧妙造型。

◆VW・Golf(1974 年)
(大眾 高爾夫)

如今，前葉子板與腰線切斷的設計已經變的理所當然了。斯多葛派直線讓車廂顯得精巧而有魅力。

我相信從長遠來看，"汽車的造型會簡單化，並成為一個整體"。車身上大幅度變細或凹凸的部分會減少，彎曲處會變得平滑。汽車會變成無限圓潤。所有的線條都會連成一條，或者是消失。所有的面都會與相鄰的面連起來，變成一個面。而且，大燈、車輪、葉子板、保險桿等功能性零組件都會與車身成為一個面，變成立體車身的一部分，與車身整合成為一個整體。只要用借助車輪行駛來定義汽車，從根本上來說，我們就可以認為汽車是由車身和車輪構成的。這種車到底美不美，應該因人們的想像力是否豐富而異吧。

　　這不僅是設計師的想法，這種想法似乎得到了全世界人類的同意，正默默地向前發展著，就像是命運的安排一樣，這很有趣。而且，革命正在非常安靜地、確確實實地進行著。但是這種情況看起來未必合理。不合理的事情也不少。

　　即使是古典長篇小說，讀一下概要也可以輕鬆地瞭解故事內容。但是，如果很快知道了結果，立刻就達到了終點，所有的夢似乎都就此結束了。因此，有的時候，故意繞遠，或多安排一些出場人物，偶爾返回前面，將中途的時間儘量延長，會使事情非常有趣。

　　汽車設計樣式的變化便相當於故事情節的發展。故事的前因後果肯定需要脈絡。也就是說，很多人會對價值觀的急劇變化產生抵觸，所以在很多情況下，人們會想辦法說明變化的正當性，並保留舊價值觀下的造型痕跡。包括年輕用戶在內，多數人的價值觀是不會輕易發生變化的。

3.設計的興起、衰落

　　回顧過去，我們會發現，每個時代都會有一個流行趨勢。例如，有名的尾翼板也是如此。有的時代甚至只在傾斜的車鼻上互相競爭，或是只考慮大燈形狀。結果，人們未曾著手研究位於旁邊的葉子板、車頂的流線。一旦將心思放在車頂線條上，車的腰線就會變得草率。設計師為什麼不在旁邊部位進行創意呢？這讓我覺得很不可思議。

　　這些設計流行起來，席捲了全世界。當事人們非常清楚這一情況，但有趣的是，他們對大燈的縱橫比、輪廓、前傾式車鼻的傾斜角、葉子板的圓潤程度、前擋風玻璃的傾斜度、車頂的拱形結構、駕駛室的流暢程度、後廂的高度等細微變化的反應很敏感。即使是曾經很具刺激性的東西，也會在急速且持續不斷的過程中失去魅力。於是，接下來，他們開始等比例地進一步尋求更強烈的刺激，最終，這種做法甚至陷入了無聊的境地，流行終結，人們開始重新審視它。

　　有的時候，流行也會無疾而終。例如，從側面看，車門的下面有一個造型。似乎是將前後車輪罩起來一樣的局部下滑的膨脹，在空氣力學上有很好的效果。

但是，只有 BMW、豐田的 CROWN(皇冠)、MAJESTA(瑪捷斯塔)等很少一部分車採用了它，未得到普及。從漫長的歷史長河角度看，這些都是微不足道的"小風波"。人們關心的設計就是這樣隨時代而變遷的。將一個火熱的地方挖掘盡之後，人們就會轉向另一個地方。然後再轉到下一個地方，就這樣不斷持續下去。而且，它們會同時產生，或互相影響、互相關聯。

立體設計的簡單化行程仍在繼續

　　過去，引擎蓋、葉子板、保險桿、大燈、轉向燈、喇叭、踏板、後廂、門把手、備胎等功能性零組件無一例外是獨立且立體的，有自己的形狀。所有零組件必須都塗飾或電鍍得很漂亮，並做好防水。擦拭起來也很麻煩。不久，這些零組件逐漸與車身成為一體了，但留有痕跡的立體設計也不少，似乎是對當時的樣式戀戀不捨。

◆Rolls-Royce Silver Ghost
(勞斯萊斯 Silver Ghost) (1907 年)
這輛車是由一個非常複雜的立體結構組成的，許多功能性零件都暴露在外。

◆Pininfarina CNR
(賓尼法利納 CNR)
(1978 年的空氣力學實驗車)
這是一種簡化的造型。這輛車的表面很圓滑，各處都連在一起，車輪前後裝有整流裝置。這樣既能保障車的空間，又將空氣阻力降低到了 Cd0.172 這個非常低的程度。

　　如飄逸的葉子板浮雕、引擎蓋上的浮雕、後廂上的鼓起的備胎盒等等。但儘管如此，隨著時代的變遷，"過去"還是會被忘記，車身前後的立體感等迅速減少了。凹凸、引擎蓋上的浮雕、葉子板上的浮雕等也正在減少。但是，一看到殘留的些許痕跡，我就會笑。

　　另一方面，簡單化也意味著刺激總量的減少。到底簡化到何種程度是我們能夠接受的呢？汽車會像俳句或水墨畫那樣簡練而有象徵性嗎？還是像洛可哥新藝術派那樣的趨於表現主義的過多裝飾會發起反攻呢？我很期待。如今，一個大型實驗開始了。

■ 觀察個別變革─引擎蓋的發展歷程

　　很長時間以來，作為坐在駕駛座能夠完整看到的唯一的車身外觀部分，引擎蓋給人一種夢幻的感覺。一坐上勞斯萊斯、凱迪拉克、摩根 Plus4 等跑車，我們就能看到非常美的引擎蓋。但是，不知何時，我們失去了看到那唯美的引擎蓋時的喜悅感，以及那美麗的風景。

　　在老爺車上，引擎蓋的中央會有一個合頁，能從左右兩邊掀起。所以，如果中央凸起部分不是一條直線，就無法安裝合頁。坐在駕駛座看，這條凸起的直線很美。這個慣例保留了很長時間。在美國，很長一段時間裏，即使引擎蓋是衝壓而成的整體式的，中央也是直線型的。新勞斯萊斯幻影(Rolls Royce Phantom)的中央凸起部分有些許彎曲，但造型與過去完全一樣，它威風凜凜地出現，劃開鄉間的風景、空氣疾馳的樣子讓人激動。

　　至今為止，捷豹 XJ8、 S、X 系列仍然沿用著將大燈的圓形拖長一般的具有傳統美感的引擎蓋。它不被流行左右，讓我們明白了固守自己傳統上方面的保守行為是多麼重要。

　　即使是如今，我們也經常能夠看到許多汽車的引擎蓋上有 V 字形的浮雕，這是過去的痕跡。最近，我發現不管是左邊還是右邊，用的均是相同的處理方式，甚至讓人有些厭煩。這種處理方式已經要過時了。也許連設計師也厭煩了吧，最近，引擎蓋正從無聊而簡單的樣式再次恢復到有機的面結構。優於老傳統的令人激動的新造型即將誕生。

■ 引擎蓋前端的歷史

　　過去，引擎蓋前端是直接與水箱護罩框架連接起來的。勞斯萊斯至今還保留著這個傳統。過去，水箱護罩和葉子板之間鑲嵌著一個裝飾板。不久，水箱護罩和引擎蓋變為分開設計。

◆Rolls-Royce Phantom
（勞斯萊斯幻影）

引擎艙的立體設計與腰線連在一起。這個引擎蓋雖然是整體打開的，但其中央的凸起仍然接近於一條直線。從駕駛座看，凸起的引擎蓋是一種很棒的風景。

1960 年前後，人們最重視的是保證生產性，爲了提高引擎蓋材料的出材率，降低衝壓拉伸的程度，廠家僅將引擎蓋的前端切成了薄板狀，加工就完成了。當時的汽車鼻子僅由鑲嵌了大燈的格子狀水箱護罩和保險桿構成，其他裝飾板都被省略了，其結構變得非常簡單。這樣做很危險，而且空氣會在引擎蓋的前端分離，所以不久之後，爲了降低空氣阻力，引擎蓋的前端開始變圓，並有些許下垂。

而且，引擎蓋的長度終於增加到了能夠直接接觸到保險桿的程度。水箱護罩則安裝在了下垂的引擎蓋中。這一來，衝壓工序變得繁瑣了，板材也增加了，引擎蓋的重量也增加了，所以汽車需要油壓減振器，而且這種設計方式顯得很高級，於是，各製造商爭相採用。不久，這種潮流便從高檔車轉到了大眾車身上，如今，它已經是理所當然的了。

擋泥板、葉子板給人的印象逐漸減弱是命運的安排嗎

有趣的是，20 世紀 30 年代，葉子板的前端逐漸變長、降低，一點點遮蓋住了輪胎。第二次世界大戰之後，葉子板終於與車身完全融合起來。

◆Porsche Cayman
（保時捷 Cayman）

小小的車室、長長的鼻子、低矮的引擎強調的是葉子板。雖然這是一款新車，但出乎人意料的是，它的造型是 20 世紀 50 年代的古典樣式。即使不是新的設計方式，也可以很有魅力。

這種傾向未能適可而止，許多車的輪胎甚至被完全套上了。這是因爲當時的人們認爲，這樣做有助於降低空氣阻力。這是一個有衰退趨勢的流行元素事例。

長久以來一直稱霸的引擎蓋，高度逐年降低。引擎蓋一旦被壓低，葉子板就變得相

對醒目了，終於，賓尼法利納(Pininfarina)將強壯有力的葉子板推上了主角的位置。他們在車前安裝了圓形的大燈。從駕駛座角度看，葉子板的量感十足。葉子板與引擎蓋之間的形成的倒著的 R，很具美感。保時捷(Porsche)至今仍頑固地保留著這種樣式。但是，葉子板的時代也未能持續很長時間。

不強調葉子板的平坦型引擎蓋問世了。這種引擎蓋的長度也表現出了它的力量。

最近，常常出現懷舊風格的長鼻子汽車。但是，這種汽車絕不會佔多數，而且也沒有持續性。現代汽車的魅力不夠，所以它才會存在，它只是"不合季節的一現曇花"。

⬛ 車鼻子前端造型的複雜變遷

引擎蓋、水箱護罩、葉子板等零組件的構成，大體上左右著汽車的生產性和成本。葉子板前端的造型在生產性、衝壓方面非常繁瑣。在 1960 年之前，廠家靠手工焊接堵住卷成筒狀的葉子板前端，以及另一個連水箱護罩周邊也能包住的板子。這樣能夠將車鼻子做的很立體，而且從正面來看，塗飾面大多都很漂亮。但是，其生產性非常差。

20 世紀 70 年代，異型大燈開始大型化，車鼻子由中央水箱護罩、大燈、轉向燈構成。其中，有的汽車鼻子甚至是由周圍進行了塗飾的樹脂構成的，但是其成本很高，也很費事。當時，從正面能夠看到的外板色面積還比較小。到了 20 世紀 90 年代，柔軟的保險桿大型成形機普及開來，保險桿開始向大型化發展，從水箱護罩周圍到保險桿前端，許多較難成形的部位都用保險桿覆蓋。因此，汽車造型的自由度增強了，而其質感也得到了大幅提升。

葉子板曾經是車鼻子的主角，而如今，有意識地將其做的不顯眼的趨勢正在蔓延開來。也許是因為突然沒有了它會顯得突兀，在短時間內，它會依然以浮雕的形式保留葉子板的痕跡。而且，幾乎無意義的裝飾性立體設計正在增加，取代了之前的葉子板，這很有趣。

車鼻子的主要材料依然是鐵板，它在成本和生產性上較有優勢，但使用能夠降低重量的鋁製保險桿，以及發生小碰撞能夠復原的樹脂保險桿的兩種新潮流是存在的。鋁的成形性能雖然較差，但保險桿等部位是用樹脂包裹轉角的，所以不會有問題。柔軟的樹脂葉子板成形性能很好，複雜的造型、尖銳的邊、深深的凹陷等設計均可得到自由發揮，非常有趣。人類會在考慮環境問題和回收再利用問題的基礎上決定其發展方向。

≣ 4.向空間革命的時代邁進

引擎前置、驅動裝置前置的配置方式，即所謂的 FF 配置方式，在空間上引發了革命性的變化。20 世紀 30 年代的太脫拉(Tatra)、VW 的 RR 是小型車的合理空間配置方式，它們擁有流線型輪廓，在空氣力學上的表現非常出色。採用 RR 配置方式的汽車有雷諾 4CV、希爾曼(Hillman)、雪佛蘭(Chevrolet Corvair)、日野的 CONTESSA、保時捷 356、911 等。但是噪音容易進入駕駛室，車內很難冷卻等等，這是它的缺點。

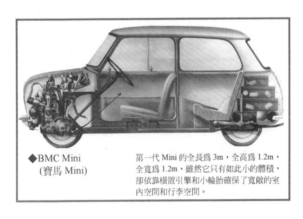

◆BMC Mini
(寶馬 Mini)

第一代 Mini 的全長為 3m，全高為 1.2m，全寬為 1.2m，雖然它只有如此小的體積，卻依靠橫置引擎和小輪胎確保了寬敞的室內空間和行李空間。

但是，由於生活方式的豐富，人們開始需要很大的後廂空間，以便假期帶著很多東西出行、週末去購物、DIY 等，這是最大的問題。而且，RR 配置方式在穩定性、衝撞安全性方面存在很多問題，引擎的強化、高速行駛的普及對它來說是致命的。

相對於此，奧托比安基(Autobianchi)和 1955 年的 Austin MINI 的引擎橫置 FF 配置方式很合理，較 RR 有決定性的優勢。

在設計上，它有很多優點，如車鼻子較短，驅動輪位於前方，後輪能夠置於後方，創造出寬敞的乘坐空間，輪距較長，駕駛感很舒適，直線前行的穩定性很好，可以使腳下的開門空間很寬敞，上下車很方便，地板低而平坦，從而使汽車的全高較低等。它的缺點是車鼻子的體積較大，而且沉重，轉向系統的轉動角度有一個底限，前輪變得較重，前輪的驅動力有一定的界限，以及當時萬向接頭較貴，加工過程複雜而困難，而且可信性不強等等。

FF 配置方式的迅速普及

由於第二次石油危機、廢氣排放規定的強化，以及安全規定的強化，合理的汽車製造技術已經成了全世界汽車製造商的當務之急。於是，勿說小型車，中型車也基本採用了 FF 配置方式。因爲即使汽車變小了，也不會犧牲汽車的室內空間。在美國，甚至連凱迪拉克等大型高檔車也採用了 FF 配置方式。而且，如果想充分提高空間利用率，應該橫向配置引擎，但很多汽車均採取了縱向配置方式，這是不合理的。

VW 從甲殼蟲開始突然轉型，1974 年問世的高爾夫(GOLF)轉變成了 FF 配置方式。有棱角的駕駛室也達到了很好的效果，它脫胎換骨，變成了一款駕駛室寬敞舒適，行駛性能出色的汽車，是甲殼蟲無法匹敵的。

但是，賓士、BMW 等製造商以行駛性能優越爲第一要義，他們雖然在空間利用率上沒有優勢，但他們堅持使用 FR 配置方式，維持住了其在操作穩定性上的領先地位。但是另一方面，他們又想辦法創造減少浪費的配置方式，以使自己在空間利用上毫不遜色。

從原則上來說，日本車採用的戰略是小型車全部採用 FF 配置方式，高檔車則採用 FR 配置方式，以確保其自然的駕駛感和優良的駕駛性能。

但是，當車系中增添 4 驅車型時，只要都是採用一種地板設計，那麼就必須留出油箱和驅動軸的位置，因此，車內便無法達到最理想的空間。

這種 FF 配置方式適合用在小型廂式貨車等轎車的衍生車上，如今，透過加長地板，修改懸吊系統，許多轎車衍生出來的車型變得容易生產了，如我們在後面會提到的車身高、空間大的小型廂式貨車、SUV。

豐田的 HARRIER、ESTIMA 等混合動力車擁有新的 4 輪驅動系統。它們用馬達驅動後輪，這樣就不需要傳動軸了，所以就不用犧牲空間，也就可以實現合理的配置了。

⊞ 高明的汽車、縮短的鼻子

環境問題受到特別的注意之後，長長的引擎蓋、大馬力的引擎開始被視為破壞環境的兇手、市民的仇敵。引擎越小就越好。如果可以，沒有是最好的。其合理性受到了重視。

為了將汽車輕型化，橫置引擎的 FF 配置方式普及開來，它使前輪的位置向前移了，駕駛室也隨之向前方移動了。

長長的鼻子、葉子板炫耀力量的時代發生了變化，較短的鼻子、葉子板開始出現。當然，即使是現在，看到很長的引擎蓋，我們仍然會覺得它很有魅力，但是現在已經不是一邊望著美麗的引擎蓋、葉子板，一邊開車的時代了。引擎蓋縮短了，所以如果有人說即使看不到葉子板也沒有那麼難過，我們會在心裏想，雖然確實沒有那麼難過……

而且如今，進行抗衝擊安全研究所需的花費已經少得出人意料，但在 20 世紀 70 年代，人們認為利用安全測試車進行研究的花費是不可能如此少的。這正是靠技術革新實現的電腦解析技術和人們的努力得來的。

如今，駕駛室已經向前移動，並蠶食了車鼻子，而且前擋風玻璃與引擎蓋的角度朝著鈍角方向發展，造成車鼻子的存在感更弱了。雖然速度很慢，但配置方式的革命的確實在在地進行著。

⊞ 透過提高車身高度爭取空間—新價值觀的萌芽

長而大的底盤上承載著駕駛室，這是一種汽車的較為平衡的組裝形式，從 1950 年至 90 年前後，我們都是這樣認為的。只要看看之前汽車誕生以來的 50 年，我們就能夠理解它了。這些車的車軸上面是彈簧，彈簧上面是車架，再往上是引擎和駕駛室，非常不穩定。雖然它們與現在的駕駛室位於引擎上方的廂式貨車高度基本相同，但在空間上與輕型轎車差不多，且駕駛室位於較高的位置。在汽車的歷史上，我們經過反覆努力，才將這種汽車的高度降低了。

但是，如果高度過低，會出現明顯弊害，喬治亞羅針對這種情況，做出了一個劃時代的構想。1974 年，他在現實範圍內，將 VW 高爾夫的車長縮短，實踐了其合理化配置方式的構想。

◆Alfa Romeo Taxi Cab
(愛快羅密歐 計程車)
(1976 年紐約近代美術館
主辦的大賽的參賽作品)

這是一輛概念車，它成了乘坐性
優良的全世界的單廂貨車的模板
。這輛車提出了透過提高車身，
來縮短車長的方案。

1976 年，在紐約近代美術館主辦的計程車大賽上，他提出了一種適合用於計程車的單廂車空間配置方式，這種車透過增加車高，來壓縮車長，是一種新的室內空間配置方式。這是愛快羅密歐的實驗車型。上下這輛車的駕駛座、副駕駛座的時候，人們必須從前輪的前面抬起腳上下，對女性來說非常不便。而且，發生衝撞時，駕駛座和副駕駛座沒有充足的空間，這也是一個問題。但是，它對全世界產生了強烈的影響。不知是悄悄委託他們生產的，還是模仿的，有的車甚至與之一模一樣。而且，許多同樣類型的駕駛室位於引擎上的貨車誕生了。

1978 年，喬治亞羅利用藍旗亞大伽瑪(Megagamma)再次提出了新 Tallboy 兩廂轎車的方案。而且，他解決了計程車鼻祖身上的上下車和安全性等方面的許多缺點。

本田在喜弟(City)身上大膽採用了這個創意。他們肯定是秘密委託了喬治亞羅。日產的 PRAIRIE、三菱的 CHARIOT 等車也是如此。而且其原理到現在也沒有變化。

◆Lancia Megagamma
(藍旗亞大伽瑪)
(1978 年)

大伽瑪全長 4310(伽瑪全長 4600)mm
，全高 1617(1370)mm。它表現了現代合理小型廂式貨車的理念。考慮到"側面衝撞"，它將厚厚的門板上的所有突起都去除了，這種想法是劃時代的。雖然它是一個合理的概念車，但它的樣式是不完整的。不過，許多汽車直接模仿了它。雷諾 Espace 則結合了藍旗亞大伽瑪和曼塔(manta)，並在流行元素上下了很多功夫。

▛ 高男孩(Tallboy)的麻煩課題

高男孩的重心上升了。我們無法逃開牛頓法則，所以為了換來大空間，我們不得不犧牲長年追求的穩定的駕駛性能。

從設計角度來說，車身一旦增高，前擋風玻璃就會立起來一些。這種設計可以用在商用車上，但不適合轎車。要想使其適合用於轎車，就必須使前擋風玻璃的傾斜度與轎車相同。之後，前擋風玻璃稍微向司機的方向傾斜了一些，但是如果過度傾斜，發生衝撞時，前排座人員的頭會撞到玻璃上，無法確保其安全性。此外，如果將玻璃的下端，也就是前圍板向前移動，玻璃和前圍板形成的構造體就會移動到引擎和變速箱的上面，在工廠，工人無法從上方安裝引擎。針對這個問題，工廠改從下方進行安裝，便輕而易舉地解決了。但是一半引擎被遮起來的話，維修時會很不方便。這種車又不能像駕駛室在引擎上部的車型那樣將地板掀起來。而且，發生碰撞時，它會撞到立柱上，造成車門無法打開。但最麻煩的問題是，立柱進入了駕駛座前方的視野，這不僅讓人鬱悶，而且很危險。

▛ 劃時代的單廂車問世

1984 年，馬特拉希馬克(Matra Simca)和雷諾開發出克服了種種缺陷的新配置方式的 Espace 單廂轎車。它的前擋風玻璃與水平線所成的角度僅為32 度，比當時的轎車傾斜度大很多。而且，它的輪廓採用了前擋風玻璃與引擎蓋連成一條直線的大膽設計。雖然這款車的前圍板向前移了，但是與此同時，前圍板也增高了，所以人的手可以伸進引擎室的內部，因此，這樣便可以對縱向放置的引擎進行維修了。從駕駛座看出去，前方視野雖然不好，但出乎意料的是，只要習慣了，就沒有問題了。而且，它的前立柱非常細，這樣為解決視野問題帶來了好處。當時，為了應付降雨的情況，人們希望側面的三角窗上也有雨刷。

全世界的設計師、汽車開發商肯定駕駛著確認過了。位於前方的手幾乎勾不到的前擋風玻璃，以及從未見過的轉向拉桿之間的大面積儀錶台開始多起來。這種結果處理起來雖然有些棘手，但人們認為它的利用價值也很大。

　　Espace 在鋼骨架上覆蓋上 FRP 板，但由於價格昂貴，這種構造不適合大量生產。板子有碾壓聲，細節部分未做處理，但是由於完全沒有競爭對手，而且上下車方便、寬敞明亮的駕駛室非常舒適，所以大受好評。當時沒有出口的美國，所以衝撞安全係數是個未知數……

◆Renault Espace2000
（雷諾 Espace2000）
（1984 年）

這款車從車鼻子到車頂，均流暢地結合在一起，腰線是獨立的。車門前方有固定的三角窗。採用的是發動機縱向前置的 FF 配置方式。當時，它具有劃時代的意義，是一種創新，並成許多汽車的模板。

迅速發展的高男孩

　　一旦增加車身全高，即使是小車，也能獲得充足的室內空間，這種理念對於輕型汽車和小型車來說，是一個巨大的進步。而且，其設計上的難度與前擋風玻璃的前移是相對應的。高男孩前門的前方有一個小三角窗，從而做到了使前擋風玻璃傾斜到足夠角度。

　　在安全對策，特別是駕駛室的抗衝撞對策方面，高男孩透過橫向放置引擎，確保了前輪前面有足夠的吸收能量的空間，從而解決了問題。如今，從單廂車到小型廂式貨車、SUV、普通的轎車，都透過增加車身全高實現了前擋風玻璃的傾斜。

　　年輕人們否定了陳舊的價值觀，接受了車身較高的汽車。年輕家庭為了休息日團聚，開始購買單廂車。在日本這種住宅狹窄的地方，汽車有著補充居住空間的作用，這也是單廂車受歡迎的一個原因吧。通勤、假日的交通堵塞現象持續不斷，沒有合適的行駛環境也是人們能夠接受全高較高的汽車的基礎。駕駛小而便宜的汽車，在行駛過程中總是被大車刁難，但如果是車身較高的車，即使是輕型汽車，也不顯得寒酸，所以很少受到粗暴待遇。這個心理因素也是不可漏掉的。

◆TOYOTA Estima Hybird Concept car
(豐田 Estima 混合動力概念車)
2005 年東京車展

從 Espace 身上我們可以瞭解到，20 年後汽車的基本理念也完全相同。

後擋風玻璃的傾斜→拱形車頂→較高的後廂尾部→兩層式後廂造型

3 廂車的前擋風玻璃如果傾斜度較大，從平衡角度考慮，後擋風玻璃也要傾斜一些。特別是拱形車頂(日產 ARC X1987),如果大膽地設計成流線型，會更具衝擊力(奧迪 4 系列)。

但是，如果後擋風玻璃是傾斜的，後廂蓋的長度就不足了。如果直接將其設計成掀背式(福特 SIERRA 1984 年)，車身的剛性就會降低，噪音就會侵入室內。於是，透過提高後廂蓋的尾部，將其開口進一步開到保險桿的方法，解決了這個問題。很深的後廂只要設計成兩層式造型(BMW7 系列)，問題就解決了！這種流行趨勢迅速蔓延到了全世界。

5.新空間革命的開始

第一代 Prius(普銳斯)的衝擊

豐田的普銳斯在空間岸上也決定性地打破了傳統價值觀。第一，除了與之前相同的引擎、冷卻裝置，混合動力車還必須安裝電池、變壓器、發電機、馬達，需要留出安裝這部分元件的空間，所以豐田提高了車身的全高，以確保這部分空間。

我們可以想像得到，混合動力車的登場使引擎顯得更加無足輕重了。盡量將引擎設計得緊湊一些，將引擎室縮小的做法是最好的。普銳斯的輪廓爲鼻子低矮、駕駛艙呈流線型、後廂尾部較高，以降低空氣阻力。混合動力系統的零組件可以分別單獨安裝，所以設計師在配置方式的設計上有很大的自由度，讓它擁有與之前沒有區別的外形輪廓也不是不可能的。但是，爲了加深世界對混合動力系統得印象，廠家會故意設計出一種一目了然的嶄新比例，這一點是很明顯的。豐田的目標實現了。

◆TOYOTA Prius
（豐田 普銳斯）

豐田有意識地創造出了混合動力車的形象。如短短的車鼻子、少量的進風口、極高的後廂邊緣。

■ 犧牲室內空間之前的 "新" 戰役

　　第二代普銳斯體積變大了，各元件都變小了，所以設計這部分空間的自由度增加了，而且可以將其用到乘坐空間上。但是，它那一目了然的外形輪廓得到了進一步的強化。中央部分的極尖車頂除了具有設計感之外，沒有其他意義。但是，至今爲止，只有雙門轎車採用過這種車頂尾部，不過，作爲 4 門轎車，車頂尾部高出些許的流線型掀背式設計還是比較有特點的。空氣阻力係數爲 0.26 應該已經是小型轎車的最高水準了。不過雖然它在空氣力學上令人滿意，但還是犧牲了後排座的上部空間，比第一代稍狹窄了一些。也許廠家認爲，即使如此，作爲混合動力車而在大街上很醒目這一點也是很重要的。這與競爭對手本田的看起來很普通的混合動力車失敗的情況形成了鮮明的對比。

　　在我們看來，它的輪廓可以說與賓尼法利納的 Modulo Monoform 有些接近。

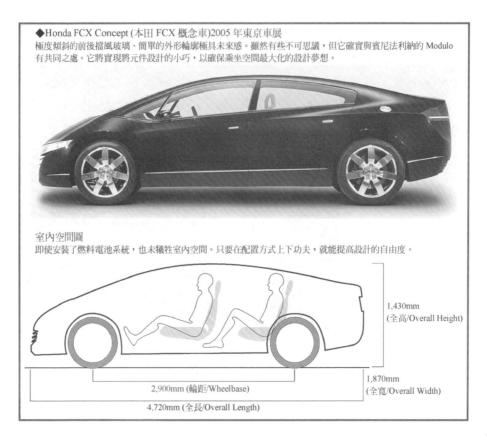

◆Honda FCX Concept (本田 FCX 概念車)2005 年東京車展
極度傾斜的前後擋風玻璃、簡單的外形輪廓極具未來感。雖然有些不可思議，但它確實與賓尼法利納的 Modulo 有共同之處。它將實現將元件設計的小巧，以確保乘坐空間最大化的設計夢想。

室內空間圖
即使安裝了燃料電池系統，也未犧牲室內空間。只要在配置方式上下功夫，就能提高設計的自由度。

1,430mm
(全高/Overall Height)

2,900mm (輪距/Wheelbase)

1,870mm
(全寬/Overall Width)

4,720mm (全長/Overall Length)

真正的空間革命即將從現在開始

新的動力驅動系統—燃料電池發出了第一聲啼哭。但是，也許要過一段時間才能實現量產。即使如此，各公司也發表了各式各樣的實驗車型。賓士曾公開宣稱會在舊款 A 系列的地板下安裝燃料電池系統，但終於以無果告終，停止了生產。但新款的 A 系列還是在地板下留出了空間。

GM 也提出了將電力系統安裝在地板下，並在上面自由地安裝各式各樣車身的構想。但是根據牛頓法則，其重心會提高，這一點尚是一個疑問。

本田提出的燃料電池車方案，想將元件小型化，並將其集中到前後和中央的支柱部位，努力將地板降低。本田的想法是這樣不會提高汽車的重心，正面投影面積也不會增大，所以其快速行駛的性能會比較令人滿意。不愧是本田，他們這種不忽視行駛性能的想法很好。本田在汽車的外形設計上也很積極主動，我喜歡它那種像爬在地上一樣的高度和輪廓。

這是大燈的個性設計。LED 等新式光源刺激人們
自由地展開想像，並開闢了一片新天地。

◆Honda Sports4 (本田 運動 4)
可做成任何形狀的樹脂保險桿和新光源使在此
之前不曾存在的燈上浮雕變得可能實現了。

這是可以讓人自由幻想的個性尾燈的外形。
它雖然很薄，但提高了板材的成型性能。

局部變化─樹脂保險桿對設計的進步有很大的幫助

　　在過去的人看來，如今
的汽車似乎沒有保險桿。我
們無法忽視保險桿的性
能，在這方面的設計自由度
很小，其生產型限制了設計
的發展。在很長一段時間
裏，這令設計師非常頭疼。
保險桿從車身突出來，會在
發生小衝撞時保護外板、車
燈、進油口等部分。

　　不久之後，設計師開始
將衝壓的鋼質保險桿當成

◆Renault Fluence Concept
(雷諾 Fluence 概念車)
2005 年東京車展

事實上，這款車沒有保險桿，發動
機罩是低矮前伸的。讓有些平坦的
面搖擺起來是一種流行趨勢。

設計上的裝飾零件去設計，因此，它們幾乎不會產生保護作用。因此，美國制定了嚴格的保險桿規定來強制性地保持功能性的保險桿，因爲它事關安全。這項規定非常嚴格，讓人覺得在保險桿的設計上失去了夢想和希望。

但是，能夠吸收能量的系統，以及即使受到衝擊，也能恢復原狀的可塗飾合成樹脂保險桿一得到採用，設計師們就可以再次將其與外板連接起來造型了。不僅如此，與鐵板相比，合成樹脂極易實現複雜的成形，因此，設計師們可以在車身前後進行一些角度複雜的造型處理了。它還可以用來製造水箱護罩周圍的立體設計、大燈、前葉子板的一部分，因此使用起來非常方便。

最近，甚至出現了找不到保險桿的汽車，如 Smart FourTwo 等量產車的前車身有了保險桿的作用。新的潮流在保險桿的尺寸上比較保守，主要強調個性十足的巨大水箱護罩。

LED 引發的大燈的革命性變化即將到來

◆Peugeot 907(標緻 907)　標緻是丹鳳眼的鼻祖，但是它只做到了這個程度，未將其做得更進一步。這是一幅概念車，所以人們可以接受，但是它看起來甚至沒有保險桿。

在很長一段時間裏，大燈一定是圓形的。現在也仍有汽車使用圓形的大燈，以給人一種古典印象。一旦燈體的防水構造可以實現，我們就可以隨心所欲地將燈設計成各種形狀了。其中變革最大的，應該就是在此之前散佈於各處的轉向燈、車幅燈、霧燈的組件化了。

最開始，即使將其設計成"丹鳳眼"，也會給人一種不協調感。這個部位相當於汽車表情上的眼睛部位，所以設計師們對於變化十分敏感。但是，這種刺激感很快就淡化了，如今，即使看到極端明顯的丹鳳眼，也不會覺得驚奇了。

用電腦設計出的反射鏡、合成樹脂的透鏡或反射鏡、小透鏡的投影系統不僅使汽車的輪廓設計變得輕鬆了，更使 3 維自由形狀的設計變得容易了。從落花生形到三角形等等，各式各樣的形狀都出現了。燈體與發光部位被分離開了，因此，設計師設計外觀形狀的自由度非常大。

人們曾經認為大燈已經不會有什麼變化了，但是不久之後，高亮度LED 一旦得到實際應用，我們便可以期待大燈出現劃時代的變化了。設計師們已經開始進行各種嘗試，如形狀細長或圖形樣式的燈、融入水箱護罩且不張揚自我存在感的燈等等。

之後，大燈和尾燈的作用肯定會變得有一定的侷限性。新幹線、飛機的大燈產生的大概只是輔助作用吧。各種自動系統肩負著保證司機安全駕駛的責任，而人則產生補充作用。

許多有關安全的系統已經得到了實際應用，有的即將在近期實現，如車線維持系統、一邊監視前車一邊跟著的系統、夜間暗視系統，以及互相發出超音波或電波，從而保證不會發生碰撞的系統等。將來，一旦防碰撞系統開發出來，司機就不需要靠大燈凝視前方了，只要監控電腦自動作業系統即可的時代即將到來。

◆Renault Fluence Concept
(雷諾 Fluence 概念車)
2005 年東京車展

這款車將兩個以上的面流暢地結合在一起。廠家在這款車身上進行了一種空氣力學上的衝壓拉伸。其尾燈上的雕刻十分有趣。

電子管式的尾燈很難均勻發光，所以我們無法擴大它的縱橫比例。如果要將其做成細長形狀，就需要複數個電子管，消耗的電力就會增加。但是，細長形狀是 LED 所擅長的形狀。有的汽車使用的是氖管，但是氖管很難成形，而且不適合量產。

LED 的耗電力低，壽命長，可信度高。所以，更換的時候不需要擔心什麼。而且，與電子管式燈相比，LED 燈不需要會佔用很大空間的麻煩的反射鏡。複數個 LED 怎麼配置都可以，這一點讓人很欣喜。

我們可以將其做成很細的線狀或扭曲的圖形，其可能性是無限的。現在，這些設計方法尚未得到充分活用。新的賓士 S 級車型上採用了一種系統，緊急煞車時，這種系統可閃爍燈光提醒跟隨車輛注意。可以說，正因為有了 LED，才使這種系統得以實現。

■ 水箱護罩成了一個非常重要的視覺元素

水箱護罩不僅具有導入冷空氣的基本功能，作為汽車的臉，它還肩負著很大的責任。最初，人們在汽車安裝水箱護罩的目的是為了保護水箱，但自從與水箱分開獨立之後，它便與汽車的標誌一樣，變成了一種可以自由表現製造商或車型特點的元素。

車燈未打開的時候，整個車都是沒有亮光的。再加上垂直的後擋風玻璃，顯得很簡捷。

◆Mazda Senku(馬自達先驅)

大燈設置在水箱護罩的兩邊，而且簡單的車鼻顯得很新穎。車輛簡化了，所以水箱護罩的視覺作用更重要了。

40

◆Audi Q7(奧迪 Q7)

這是一款很有個性的 SUV，它擁有巨大的 single-frame grille(譯者註：單體格柵)，強調巨大的輪胎，它的車頂是向後傾斜的，這種車頂是奧迪特有的。

◆Volvo 3CC
(富豪 3CC)
2005 年東京車展

這款車忽視了保險桿的造型，這是一種新的趨勢。但是另一方面，它又保留了引擎蓋上極具古典氣質的 V 字形浮雕，這一點很有趣。

　　即使是同一輛車，其整體價值也會被水箱護罩是否有魅力所左右。雖然汽車整體處於一種簡化的趨勢下，但這個部位也許根本不會簡化。奧迪已開始全面採用大尺寸的水箱護罩，奧迪稱之為 one-frame grille(譯者註：單體水箱護罩)。雖然有些缺乏風度，但它很醒目，應該會在設計大戰中取得戰略上的成功。

　　最近，設計保險桿的自由度增加了，大部分較複雜的圖案均由保險桿表現，而且抗衝擊的合成樹脂材料的保險桿，可以表現出吞下水箱護罩的大膽圖案。即使是不像內燃機那麼需要冷卻的燃料電池車等，也很難將這部分去掉吧，這是一個很重要的部位。在 2005 年的車展上，大尺寸的水箱護罩十分醒目。

⎾╴ 合理主義的世界

　　對於普通人們來說，20世紀的汽車狹窄、小、馬力不足、噪音很大，那是一個人們不得不忍耐的時代。

　　但是，在如今這個時代，汽車室內空間無論是在高度還是寬度上都毫無顧忌地放大，只要肯出錢，想要多大馬力的車都沒問題。過去，設計師絞盡腦汁思考，以做出能夠讓車內空間再寬敞一些的設計方案，但這種勤懇的努力現在已經沒有多大意義了。即使是更寬敞的汽車，也可以便宜的價格買到，無論你想買多少。細微的改善是不會有人理睬的。

　　最近，混合動力車和燃料電池車正在快速發展，大家似乎都將目光集中到了這裏。而F1陷入了與量產車無關的境地。它的最高速度完全沒有得到提升，而且，開發"行駛、轉彎、停車"技術的腳步也停滯下來了。如果技術方面沒有進步，那麼設計應該以什麼爲目標呢？

◆Lexus LF-Sh
　(凌志 LF-Sh)

這款車雖然是凌志的旗艦，但它的所有設計要素都比較平均，是一種平凡的現代設計風格。在發售之前，凌志肯定做了許多改良。

◆Honda Civic(本田喜美)
　五門歐洲款式

這款車的輪廓非常簡捷，葉子板很不明顯。它的外形與概念車FCX有共通之處，是比較先進的。

◆Mercedes Benz SLR
(梅塞德斯賓士 SLR)
2005 年東京車展

厚重而流暢的面、長而大的引擎蓋、巨大的車輪、極小的駕駛室與合理性相去甚遠。這是傳統價值觀的典型。

◆Mercedes Benz CLS
(梅塞德斯賓士 CLS)
2005 年東京車展

曲線明顯的車身、空間極小的駕駛室散發著一種頹廢的氣氛，讓我們感覺到了理性時代的遠去和感性時代的到來。

　　所謂合理性，是指為了快速有效地達到目的，需要克制自己的情況。但是，人們一旦開始懷疑追求合理性是否能夠帶來幸福，就會更加希望能夠自由、奔放、隨心所欲地採取行動就，這也沒什麼不可思議的。

　　最近，人們已經不要求汽車具有合理性了，汽車正朝著滿足慾望的工具方向發展著。只要有趣，浪費或荒謬的情況就會被接受。

　　這種情況不勝枚舉，例如環車玻璃區域壓得很低的小車，卻裝有巨大的車輪，而且有流行的徵兆，帶有凹凸浮雕的設計給人以一種視覺享受，卻做不出合理解釋，無視其功能，只在乎視覺享受的歪扭大燈，突出的輪弧設計和為了看起來有厚重感而做出的車門設計等，只因設計上的原因，汽車的寬度就增加了，還有最大限度的犧牲汽車的安全性能，讓前立柱向前探出的做法等等。

　　有的單一功能型設計雖然非常適合達到一個目的，但卻忽視了其他功能。就連裝飾得極其奢華的汽車也面世了。這些情況意味著在合理性的名義下被強制克己禁慾的時代終結了。行駛的藝術品、工藝品是極具獨創性的，是否能夠讓看的人喜歡成了設計師最拿手的技術。

Chapter 3

動力單元的全新技術動向

1.引擎的顯著進步

我們可以看到，由於石油價格上漲等原因，混合動力車越來越有人氣，但它尚是一種特殊的車，還無法立刻取代現在的主流—汽油引擎。也就是說，不管是馬達還是電池，都需要進一步進化，現在還未發展到能夠忽視由此增加的成本和重量的程度。而且，在人們試圖提高汽車綜合性能的過程中，如柴油引擎追求效率，汽油引擎導入新技術等，混合動力系統應該如何定位，如何發展的道路也將確定下來。同時，這也與電動車、燃料電池車得到實際應用的時間有關係。

人們都說在混合動力車的技術領域，日本走在了前面，實際上，日本製造商也在不斷挑戰汽油引擎方面的新技術，並已得到了實際應用。

在此之前的技術進步過程中，日本製造商發現了下面這個課題，開始進行挑戰，並不斷開發有發展前途的系統、結構，努力使其得到實際應用。於是，需要挑戰的課題又出現了，因此，

在油耗增加、廢氣排放規定強化的背景下，我們必須試圖提高引擎的性能，而要想提高引擎的性能，還必須倚仗完善的管理系統的支援。如今，引擎的性能不僅達到了汽車廠商的要求，也達到了各種零組件製造商的技術要求，而且正在進一步發展著。

技術進步的速度只能提前不能退後。

　　面對這些挑戰，各個製造商都毫不懈怠，日本國內的競爭非常激烈。這成了技術進步的原動力。

　　即使是混合動力系統，只要能提高引擎的效率，較低油耗，最終也將會系統效率的提高做出貢獻。如今，汽油引擎也在一邊優先提高油耗性能，一邊追求動力性能，以開發充滿新式結構的技術。汽油引擎正一邊觀察脫離石油時代，一邊透過進一步開發新技術獲得重生，並繼續作為動力單元為汽車所使用。

2.缸內直接噴射式引擎的進化

　　自 20 世紀 70 年代開始，卡車、巴士用的柴油引擎逐漸被直接噴射式引擎所替代，現在，這種引擎已經佔據了主流地位。過去，預燃燒室式引擎和渦流室式引擎曾是主流，但是以能源危機為契機，人們開始轉而使用油耗性能更好的直噴引擎。

　　柴油引擎使用的本來就是燃點低的柴油，所以，向汽缸內直接噴射燃料使其燃燒比較容易。但是，與之相比，汽油的燃點較高，很難替代到直噴方式。不過，柴油引擎的替代也並不容易，各個廠家都或多或少地經過許多測試和摸索，才於 20 世紀 80 年代後半期，確保其性能和耐久性穩定下來。

◆三菱 GDI 引擎的斷面圖
這是三菱於 1997 年導入使用的直噴式汽油引擎。為了實現成層燃燒，它的活塞設計成了彎曲的。

直立吸氣歧管
高壓燃料泵

高壓渦流噴射器

彎曲頂面活塞

　　在直噴引擎之前，一種稀薄燃燒式汽油引擎問世了。這是一種嘗試，人們希望透過將節汽門半開半閉，使混合氣體變稀薄，以降低低速域的泵送(pumping)損耗，從而節省燃油費。但是，這種情況下的燃料空氣比率較最適合的混合比率低，雖然這是理所當然的，但這樣會導致燃料無法充分燃燒。因此，為了使稀薄的混合氣體也能穩定燃燒，人們開始研究吸入歧管，從而產生了渦流和縱向渦流(tumble)。

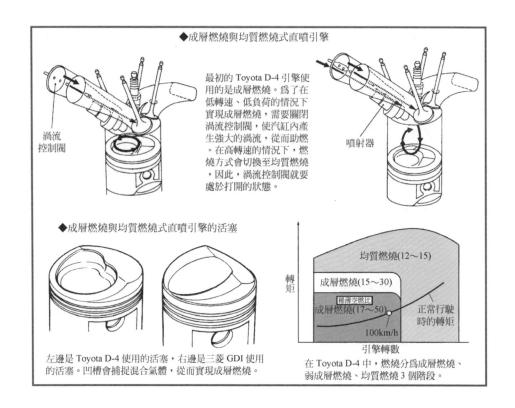

◆成層燃燒與均質燃燒式直噴引擎

最初的 Toyota D-4 引擎使用的是成層燃燒。爲了在低轉速、低負荷的情況下實現成層燃燒，需要關閉渦流控制閥，使汽缸內產生強大的渦流，從而助燃。在高轉速的情況下，燃燒方式會切換至均質燃燒，因此，渦流控制閥就要處於打開的狀態。

渦流控制閥

噴射器

◆成層燃燒與均質燃燒式直噴引擎的活塞

左邊是 Toyota D-4 使用的活塞，右邊是三菱 GDI 使用的活塞。凹槽會捕捉混合氣體，從而實現成層燃燒。

轉矩

均質燃燒(12～15)

成層燃燒(15～30)

稀薄空燃比

成層燃燒(17～50)

正常行駛時的轉矩

100km/h

引擎轉數

在 Toyota D-4 中，燃燒分爲成層燃燒、弱成層燃燒、均質燃燒 3 個階段。

　　要想進一步提高油耗性能，需要使燃料進一步稀薄燃燒，因此，直噴引擎得到了實際應用。與稀薄燃燒引擎相比，直噴引擎較難燃燒。因此，人們將它的燃燒方式變更爲成層燃燒。即在活塞的頂部挖一個凹陷，從而使較濃的混合氣體在點火火星塞的周圍形成層。

　　另一方面，在需要輸出功率的高負荷狀態下，需要使空燃比達到理論空燃比，所以，其燃燒方式會根據轉速和負荷狀態從成層燃燒切換到均質燃燒。因此，直噴引擎是一種在中低速域具有降低油耗作用的引擎。

　　但是，這種引擎有一個缺點，即氮氧化物 NO_x 會增多。爲了減少這種氮氧化物，吸收 NO_x 的觸媒轉化劑被開發了出來，但是，相關規定變得更加嚴格了，提高觸媒轉化劑的耐久性也變得愈發困難，於是，成層燃燒的直噴引擎逐漸銷聲匿跡了。

　　取而代之的是僅設計成均質(homogenous)燃燒的直噴引擎。這種引擎雖然不能使泵送損耗降低，但它有一個最大的優點，即透過向汽缸內直接

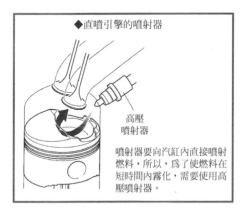

◆直噴引擎的噴射器

高壓
噴射器

噴射器要向汽缸內直接噴射
燃料，所以，為了使燃料在
短時間內霧化，需要使用高
壓噴射器。

噴射燃料，可以使氣化潛熱產生冷卻的作用，因此，它可以提高壓縮比。壓縮比一旦提高，熱效率就會增強。而且，燃料是直接噴射到汽缸內的，所以燃料與空氣的比例可以準確地得到控制，這是一個優點。但是一旦噴射到歧管上，附著在周圍管壁上的燃料進入汽缸的時間就會延遲。雖然這一點也得到了計算和控制，但直噴引擎可以精確地控制它，所以直噴引擎在這一點上較佔優勢。

在直噴引擎上，為了儘量使燃料的噴霧細密，需要使用高壓燃料泵和精密的噴射器，因此，其成本較高，但是直噴引擎正逐漸得到開發。引擎性能的關鍵在於追求更好的燃燒品質，因此，對於次世代的引擎技術來說，直噴引擎技術含有一種不可或缺的東西，因此，直噴引擎技術的進步變得更加緊迫了。

於是，我觀察了 2005 年問世的新型直噴引擎的新嘗試。

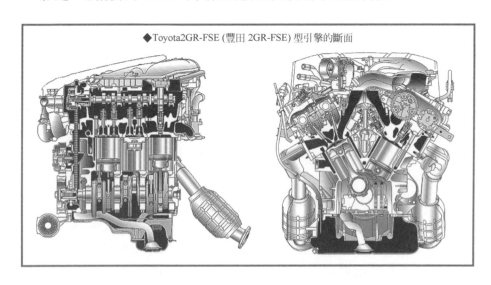

◆Toyota2GR-FSE (豐田 2GR-FSE) 型引擎的斷面

新式直噴引擎—豐田 2GR-FSE 型引擎

豐田的直噴引擎被稱為 D-4，2003 年，直列 4 缸 2 升以及 V 型 6 缸 3 升均質燃燒直噴引擎問世了，它們取代了之前的稀薄燃料直噴引擎。比這些更新的新型直噴引擎被命名為 D-4S，2005 年 8 月凌志品牌發佈時，它問世了，它的結構比之前的豐田直噴引擎更先進一些。凌志 GS 和 IS 上搭載的新開發的 V 型 6 缸 3.5 升的 2GR-FSE 型引擎就是它。

與之前的直噴引擎大不相同的是，缸內除了要安裝直接噴射燃料的噴射器，還要在歧管內安裝噴射器，以供給燃料。市場上很少在 1 個汽缸內有 2 個燃料噴射器的引擎。

直噴引擎的問題在於使燃燒穩定，特別是在低速旋轉的時候。為了解決這個問題，人們想出了一個方法，即追加歧管噴射。

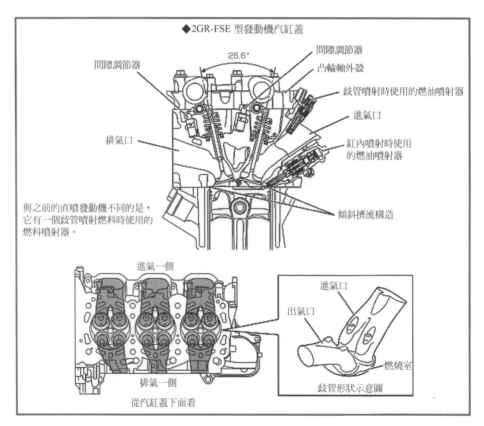

◆2GR-FSE 型發動機汽缸蓋

間隙調節器　　25.6°　　間隙調節器
凸輪軸外殼
歧管噴射時使用的燃油噴射器
進氣口
排氣口
缸內噴射時使用的燃油噴射器

與之前的直噴發動機不同的是，它有一個歧管噴射燃料時使用的燃料噴射器。

傾斜擠流構造

進氣一側

進氣口
出氣口
燃燒室

排氣一側

歧管形狀示意圖

從汽缸蓋下面看

將燃料噴射到歧管內的話，在進入燃燒室之前，燃料與空氣混合時的時間就會比較充裕。而且，由兩個噴射器向歧管和汽缸供給燃料的話，燃料量能夠根據引擎的旋轉、負荷情況，配合成最合適的量。

　　在低轉速域，可以增加來自歧管噴射器的燃料供給，隨著轉速的提升，增加直接噴射到汽缸的燃料比例，轉速達到 3000 左右之後，歧管就不再噴射燃料，從而成了 100% 的直噴引擎。另一方面，如果負荷較高，即使是在低轉速域，也可以增加直接噴射到汽缸的燃料比例。

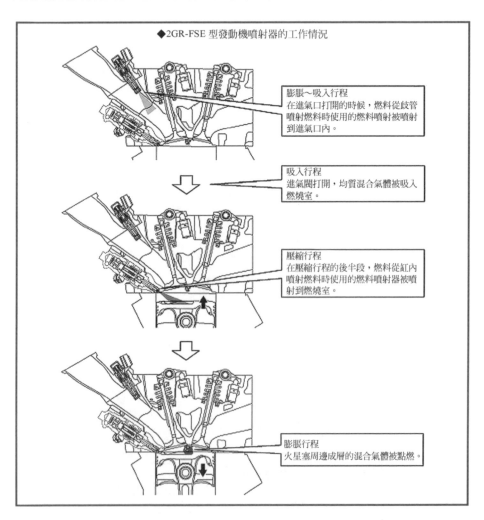

◆2GR-FSE 型發動機噴射器的工作情況

膨脹～吸入行程
在進氣口打開的時候，燃料從歧管噴射燃料時使用的燃料噴射被噴射到進氣口內。

吸入行程
進氣閥打開，均質混合氣體被吸入燃燒室。

壓縮行程
在壓縮行程的後半段，燃料從缸內噴射燃料時使用的燃料噴射器被噴射到燃燒室。

膨脹行程
火星塞周邊成層的混合氣體被點燃。

　　由於追加了歧管噴射器，豐田的
直噴引擎之前使用的渦流控制閥消失
了。

　　向汽缸內直接噴射燃料的噴射器
也變成了新式的複式噴射器。之前的
直噴用引擎噴射器只有一個噴射孔，
噴射出來的燃料是扇形的，而這個複
式噴射器會從兩個噴射孔噴射出 2 列
扇形的燃料。這樣一來，燃料會進一
步被壓縮成微粒，並進一步促進進汽
與燃料的混合。促進空氣與燃料的混
合，使其能夠穩定燃燒是直噴引擎最
重要的課題，人們為此進行了許多開
發研究，才使這種引擎問世了。

◆2GR-FSE 型引擎的模型

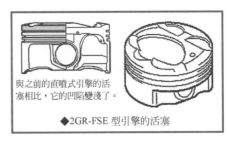

與之前的直噴式引擎的活
塞相比，它的凹陷變淺了。

◆2GR-FSE 型引擎的活塞

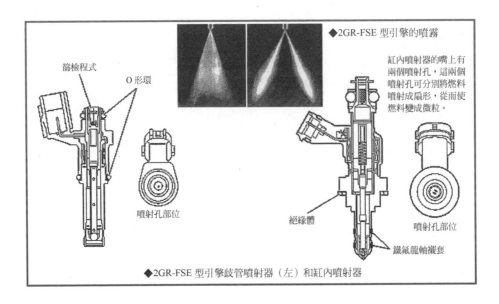

◆2GR-FSE 型引擎的噴霧

缸內噴射器的嘴上有
兩個噴射孔，這兩個
噴射孔可分別將燃料
噴射成扇形，從而使
燃料變成微粒。

篩檢程式

O 形環

噴射孔部位

絕緣體

鐵氟龍軸襯套

噴射孔部位

◆2GR-FSE 型引擎歧管噴射器（左）和缸內噴射器

51

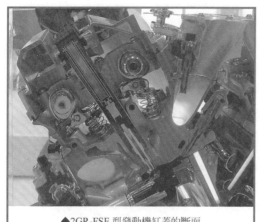

◆2GR-FSE 型發動機缸蓋的斷面

2003 年問世的 2 升直列 4 缸直噴引擎同樣是將空燃比設置成了理論空燃比的直噴式引擎。由於廢氣排放規定更加嚴格了，所以這種引擎未設計成稀薄燃燒式。

在較難冷卻的高轉速域，這種引擎會將燃料直接噴到活塞的頭頂部位，從而達到冷卻效果，這樣一來，可以將壓縮比提高到 11.8。透過缸內直噴，可以將吸入氣體冷卻，提高充填效率，從而提高抗爆震範圍，使高壓縮比得以實現。這就是這種引擎的最大優勢。為了不讓其發生成層燃燒，這種引擎活塞頂部的凹槽設計得比較淺。

為了應付廢氣排放規定，使觸媒轉化劑提前活躍起來，引擎啟動之後，會立刻使混合氣體變稀薄，從而提高燃燒溫度。

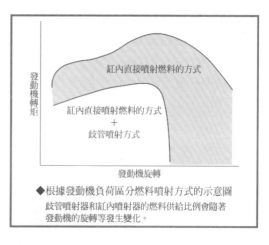

◆根據發動機負荷區分燃料噴射方式的示意圖 歧管噴射器和缸內噴射器的燃料供給比例會隨著發動機的旋轉等發生變化。

這種 2GR-FSE 型引擎排氣量為 3.5 升，最高功率輸出為 234kw(318PS)，最大扭矩為 380Nm(38.7kgm)。特別是它的扭矩，已經是 NA 引擎的最高水準了，而且其油耗性能也非常好。

另一方面，IS 上搭載的 2.5 升 V 型 6 缸 4GR-FSE 型引擎使用的仍是之前的均質燃燒直噴 D-4，4GR-FSE 型引擎的缸徑較小，應該沒有必要更換成 D-4S。

2GR-FSE 型引擎是 D-4S 方式的，2006 年問世的凌志旗艦車—凌志 GS450h 混合動力系統使用的就是這種引擎，它顯示出了豐田的高性能引擎的一面。因爲這種引擎是用在高檔車上的，所以引擎成本的上升應該可以被接受。

馬自達直噴引擎的智慧怠速停止系統

馬自達的直噴引擎與豐田的直噴引擎相同，都是均質燃燒模式的，直列 4 缸 2.3 升引擎便採用了這種技術。將引擎設計成直噴式的目的，與現在的豐田 D-4 引擎的目的相同，即提高壓縮比，使用相同汽缸體的歧管噴射引擎的壓縮比是 10，但這種引擎的壓縮比能提高到 11.2。

這種直噴引擎上新增了智慧怠速停止功能，這一點受到了很多關注。利用內燃機和馬達作爲驅動力的混合動力系統便具有這種智慧怠速停止結構。在僅用內燃機作爲驅動力的情況下，怠速運轉時，車雖然停住了，但引擎一般是繼續運轉的，這就造成了燃料的浪費，即使從廢氣排放的角度考慮，也令人覺得很不愉快。因此，汽車停下來的時候，如果引擎也能停下來，並在汽車開動起來的時候再次啓動是最好的。但是，在僅用引擎驅動汽車的情況下，要想實現怠速停止，就需要一個系統在這個過程中轉動起動馬達，這一系統成本較高，所以應用數量很少。

馬自達的直噴引擎上使用的智慧怠速停止系統的特點是，能在不使用起動馬達的情況下再次啓動引擎。讓引擎自動停止的構造並不複雜，但是讓引擎自動啓動並不是一件易事。

引擎一旦停止，汽缸內的壓力就會立刻與大氣壓相同，因此，這樣便無法獲得再次啓動時所需的膨脹能量。所以，要想旋轉曲軸，就需要起動馬達，但是在這個系統中，會有少量的燃料噴射到壓縮過程中的汽缸內，從而使其膨脹，並使曲軸眞正開始旋轉。

◆馬自達 2.3 升 MR 引擎的眞品解剖斷面

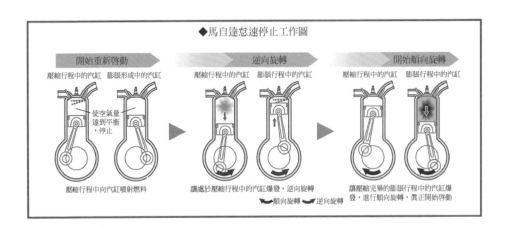

◆馬自達怠速停止工作圖

開始重新啓動	逆向旋轉	開始順向旋轉
壓縮行程中的汽缸　膨脹形成中的汽缸	壓縮行程中的汽缸　膨脹行程中的汽缸	壓縮行程中的汽缸　膨脹行程中的汽缸

使空氣量達到平衡，停止

壓縮行程中向汽缸噴射燃料

讓處於壓縮行程中的汽缸爆發，逆向旋轉
順向旋轉　逆向旋轉

讓壓縮完畢的膨脹行程中的汽缸爆發，進行順向旋轉，眞正開始啓動

◆馬自達 2.3 升 MR 發動機的切割模型
在十字路口關掉發動機的時候，這種發動機可以控制四個活塞排列在汽缸的中心附近停下來。

爲了實現這個過程，引擎停止時，需要將直列四缸的四個活塞調整到齊聚衝程中間的狀態。要想再次啓動，就要讓引擎逆向旋轉，並在一個活塞進入壓縮行程時噴射燃料。這個時候的逆向旋轉角度雖小，在 90 度之內，但這個時候的膨脹，是爲了讓曲軸實現順向旋轉，接著便可以眞正啓動了。

　　要想實現逆向旋轉，需要一種控制技術，這種控制技術須讓壓縮行程中的活塞和膨脹行程中的活塞齊聚到汽缸的中間，並停下來。這種引擎精密控制技術是一種突破性的技術，應該說這種技術一旦實現，我們就能看到實際應用它的希望了。

　　司機踩下煞車踏板，車速歸零時，引擎會自動停止，而且司機的腳一旦離開踏板，就又會有燃料供給到汽缸內，從而使引擎重新啓動。當然，這是信號等系統暫時停止時的情況，最初啟動引擎的時候，一般要旋轉起動馬達。

這是一種在不使用馬達的情況下，就能安靜而迅速地重新啟動引擎的系統。而且，它的構造很簡單，即使頻繁啟動，也不用擔心會消耗電池。這種想法在很早以前似乎就存在，但是馬自達使最早將其作為量產引擎生產出來的。但是，擁有這個系統的專利權的是德國的博世。

※

馬自達的這種 2.3 升直列 4 缸直噴引擎的渦輪式產品也已經問世了。安裝渦輪，可以使之產生與 V 型 6 缸的 3.5 升或 4 升相似的平穩扭矩，中低速域的扭矩曾是渦輪引擎的弱點，但安裝了渦輪之後，可以減少中低速域扭矩的下降數值，以提高其靈敏度。

渦輪引擎的較高壓縮比為 9.5，它在最大值為 11.5 MPa 的高壓下噴射燃料，所以燃料會在汽缸內氣化，發揮冷卻效果，從而提高混合氣體的充填效果。因此，在剛開始加速的時候，燃料的充填量會增加，所以在 2250 轉速域，渦輪旋轉的速度會提高，從而發揮出最大的增壓效果。在

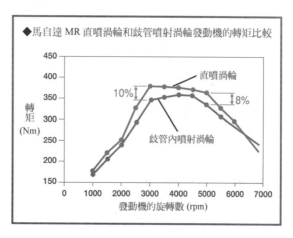

◆馬自達 MR 直噴渦輪和歧管噴射渦輪發動機的轉矩比較

2000~5000 轉的範圍內，它可以發揮出最大扭矩的 90%，從而變成一個好用而強勁的引擎。

由於它是直噴引擎，所以點火火星塞周圍會形成易燃的混合氣體，所以我們可以將點火時間推遲，在剛啟動的時候先暖一下觸媒轉化劑，使其活躍起來，而不必擔心失火。

採用很輕的單渦輪增壓，可以使排氣系統的熱容量降低，從而發揮出觸媒轉化劑快速增溫帶來的活化效果。據說，這樣一來，它就成了一個能輕鬆應對嚴苛的廢氣排放規定的引擎。隨著引擎的渦輪化，人們開始改良

引擎，如提高汽缸體的剛性，強化運動零組件，以進一步實現最合適的控制等。

成層燃燒式直噴引擎和均質燃燒式直噴引擎

　　至今為止大家讀到的直噴引擎，採用的都是均質(homogenous)燃燒模式。1997 年，設計成直噴引擎的三菱 GDI 引擎問世了，它作為在日本最早實現量產的引擎，在低負荷、低轉速域，會採用稀薄燃燒模式，在高轉速域，為了提高輸出功率，它會切換到均質燃燒模式。 這樣一來，便可降低地轉速域的泵送損耗，從而提高油耗性能。這之後不久上市的豐田 D-4 引擎也同樣是成層燃燒模式的。

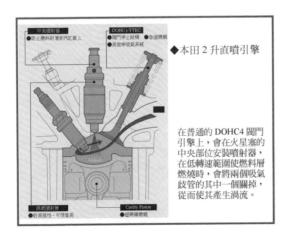

◆本田 2 升直噴引擎

在普通的 DOHC4 閥門引擎上，會在火星塞的中央部位安裝噴射器，在低轉速範圍使燃料層燃燒時，會將兩個吸氣歧管的其中一個關掉，從而使其產生渦流。

　　但是，這些直噴引擎並沒有得到應用，廢氣排放規定變得嚴苛是其中一個原因。特別是氮氧化物，即使安裝上 NO_X 吸附劑，也會被汽油中含有的硫磺成分毒化，從而導致觸媒轉化劑的作用衰弱，所以為了防止規定中提到的氮氧化物 NO_X 排放量增多，三菱和豐田不得不對直噴引擎斷了念頭。豐田已經開始投入使用均質燃燒模式的直噴引擎，但是三菱推遲了實際應用新型直噴引擎的計畫。

　　另一方面，2003 年年末前後，在低速域採用稀薄燃燒模式，從而使其實現成層燃燒的直噴引擎在本田問世了。這是一種直列 4 缸引擎，與之前的直噴引擎不同的是，向汽缸供給燃料的噴射器位於燃燒室的中央，點火火星塞是安裝在傾斜的位置上的。而且為了實現稀薄燃燒，要將兩個進汽口中的一個關閉，使其產生強大的渦流。

這種引擎採用了本田獨創的 i-VTEC 結構，為了抑制氮氧化物 NO_x 的產生，需要大量的 EGR。除了三元觸媒轉化劑，這種引擎上還是用了吸藏觸媒轉化劑，它基本上抑制了燃燒溫度的升高，從而減少了 NO_x 的產生量。

但是，這種直噴引擎僅應用在了時韻(STREAM)上，未向其他車型擴展。它是否能成為本田引擎技術的主流尚是一個未知數，成本高應該是造成這種局面的一個原因。

歐洲的製造商也已開始推進直噴引擎的實際應用了，與日本相同，他們也有成層燃燒型和均質燃燒型。2003 年問世的 BMW 的 V 型 12 缸直噴引擎是均質燃燒型的，直列 4 缸的 VW 引擎能夠在成層燃燒和均質燃燒兩種模式之間切換。考慮到汽油的品質因地域的不同而不同，而且，BMW 想將其做成在

◆BMW 的 V 型 12 缸直噴發動機
它將我在後面會提到的電子氣閥控制技術 (譯者註：英文為 "Valvetronic"。) 和直噴發動機組合了起來，其高壓縮比達到 11.3，排氣量為 5972cc，輸出功率為 445ps/6000 轉，轉矩也達到 61.2kgm，相當大。

任何地方都可以使用的引擎，所以，BMW 選擇了均質燃燒型。而且，如果選擇均質燃燒型，僅用三元觸媒轉化劑就可以應對廢氣排放規定，這也是 BMW 選擇均質燃燒的一個原因。

VW 的引擎也會在世界各國使用，所以 VW 對其進行了設計，即使使用含有硫黃成分的汽油也沒有問題的。VW 的應對辦法是在引擎內部使用

這是 VW 高爾夫使用的直列 4 缸 FSI (Fuel Stratified Injection) 發動機。FSI 採用的是成層燃燒模式,它與均質稀薄燃燒、理論空燃比燃燒並稱 3 大燃燒模式。

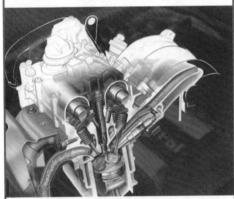

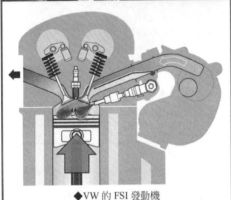

◆VW 的 FSI 發動機
VW 的直噴發動機在成層燃燒時會將吸氣口縮小,從而使之產生滾流。

EGR,以保證燃燒室溫度不會過高,而且在此基礎上,VW 還開發出了特殊的 NO_X 吸藏觸媒轉化劑。VW 同時使用三元觸媒轉化劑和 NO_X 吸藏觸媒轉化劑,為了不縮短 NO_X 吸藏觸媒轉化劑的壽命,需要將溫度保持在 250～500℃ 之間,一旦超過這個溫度範圍,這種引擎就會停止成層燃燒,切換到均質燃燒。

但是,這樣一來,直噴模式就達不到增強油耗性能的效果了,因此,為了降低廢氣的溫度,VW 在觸媒轉化劑前面安裝了冷卻裝置。而且,為了利用三元觸媒轉化劑消除硫磺成分,VW 將三元觸媒轉化劑的溫度設置到了 650℃ 以上,從而將硫磺燒掉。

如果汽車低速行駛,觸媒轉化劑的溫度就達不到這麼高,為了應對這種情況,這個時候,引擎的 NO_X 感測器還會產生監控的作用,並增加廢氣的溫度。在這種情況下,油耗會增加,而且整個系統的控制也會變得複雜,但是 VW 認為要想符合廢氣排放規定,就不得不使用這個系統。

將 VW FSI 直噴引擎的壓縮比增加到 12.1 之後,即使是均質燃燒，也能使其效率得到提高，從而最佳化油耗性能。爲了促進成層燃燒，這種引擎會利用切換閥，透過眞空工作使之產生滾流。

要想一方面解決廢氣排放規定的問題，一方面發揮直噴引擎的特性，使其得到實際應用，就必須追加許多結構或系統。即使有人質疑只爲應用直噴引擎，做這麼多是否有意義，也是理所當然的。

在直噴引擎內，爲了使燃燒穩定，需要一個能夠提高燃燒噴射壓力的高壓泵，而且要使用超精密的噴射器，以使燃燒微粒化。這些就成了成本上升的原因。

今後，要想提高汽車的油耗性能，就需要進一步提高內燃機的效率。因此，我們不但要保證燃燒在低速域到高速域的範圍內都能穩定燃燒，還要減少摩擦損耗，並提高壓縮比等。

僅有某個領域的效率很高是不行的，在相關的所有領域都做到更好才是引擎需要的最終技術。各種可變系統，是將所有領域的所有因素都控制到最好狀態的方法之一。而這個方法最基本要做到最佳化燃燒效果，消除浪費。透過成功開發直噴引擎，我們獲得了技術，在這些技術的基礎上，我們似乎看到了下一步的技術發展前景。

我們可以認爲，空燃比較稀薄的均質燃燒模式直噴引擎會得到實際應用，而且直噴引擎本身已經向柴油引擎邁近了一步。因此，我們要看的不是成層燃燒模式和均質燃燒模式哪個更優越，而是它們都與將來的引擎有關係。

■ BMW 的新一代直噴引擎

BMW 的噴霧引導式汽油引擎可以說是第二代直噴汽油引擎。這種直噴汽油引擎結合了成層燃燒技術，它與從前的直噴汽油引擎的區別在於，從前的直噴汽油引擎是將燃燒噴霧鎖在活塞頂面的凹槽內的，而這種引擎使用的是頂部凹槽較淺的活塞。

要想實現成層燃燒，不僅要使之產生渦流、滾流等，還必須讓火星塞附近聚集較濃的混合氣體。因此，這種引擎在活塞頂部製作了一個凹槽，以使這裏行程較濃的混合氣體。與此相對，要想在凹槽較淺的活塞頂部實現成層燃燒，必須開發新的技術。

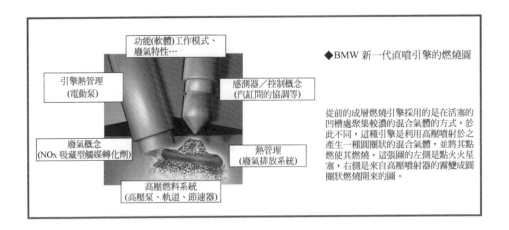

功能(軟體)工作模式、
廢氣特性…

引擎熱管理
(電動泵)

感測器／控制概念
(汽缸間的協調等)

◆BMW 新一代直噴引擎的燃燒圖

廢氣概念
(NOx 吸藏型觸媒轉化劑)

熱管理
(廢氣排放系統)

高壓燃料系統
(高壓泵、軌道、節速器)

從前的成層燃燒引擎採用的是在活塞的
凹槽處聚集較濃的混合氣體的方式,於
此不同,這種引擎是利用高壓噴射於之
產生一種圓圈狀的混合氣體,並將其點
燃使其燃燒。這張圖的左側是點火火星
塞,右側是來自高壓噴射器的霧變成圓
圈狀燃燒開來的圖。

　　因此,BMW 採用的是一種前所未有的噴射方式。也就是說,將燃料
噴射成中空圓錐狀的壓電噴嘴複數噴射方式。第 1 次噴射是在進汽行程中
進行,以使汽缸內形成超稀薄且均一的混合氣體。第 2 次噴射是在壓縮行
程中進行,以使噴嘴下邊形成較濃的混合氣體。

　　這個時候,會產生一個圓圈狀的渦流,這個渦流就像包圍住中空圓錐
狀的燃料噴霧一樣。這個圓圈狀渦流的形狀就像將嘴裏含著的煙斷斷續續
地吐出來的煙圈一樣。這種燃料噴霧渦流會將超稀薄混合氣體捲進來,形
成豐富的容易點燃的混合氣體。位於噴射器旁邊的火星塞會將其點燃。圓
圈狀渦流一旦燃燒,其外側的均質超稀薄混合氣體就會被點燃。也就是用
火星塞點燃圓圈狀的燃料噴霧渦流,再以其為火種,使無法直接點燃的超
稀薄混合氣體燃燒起來。

　　這種燃燒方式與本田於 20 世紀 70 年代開發的 CVCC(複合渦流調速燃
燒)很相似。CVCC 將燃燒室分成主室和副室,將較稀薄混合氣體吸入主
室,將較濃的混合氣體吸入副室。點火火星塞則設置在副室裏,用來點燃
較濃的混合氣體。被點燃的較濃混合氣體會從連接兩室的通路噴入主室,
將主室的稀薄混合氣體點燃。CVCC 利用這種兩步式燃燒,能使稀薄的混
合氣體整體燃燒起來,並在降低 CO 和 HC 的同時,透過調節燃燒速度降
低了 NOx 的產生量。

　　CVCC 透過將燃燒室分成兩個,來使稀薄混合氣體實現穩定燃燒,而
BMW 的噴霧引導式直噴汽油引擎則是在一個燃燒室內,透過複數次的燃

料噴射，使較濃混合氣體的外側形成稀薄的混合氣體，並使稀薄混合氣體整體實現穩定燃燒。

這種引擎利用最高達 200 bar 的高噴射壓力，使之產生一個圓圈狀的渦流，從而促進空氣與燃料噴霧的混合，從前的直噴汽油引擎的噴射壓力在 100bar 左右，所以這種引擎的噴射壓力相當於之前的 2 倍。要想利用高壓噴射實現複數次噴射，就要求噴射器具有很高的靈敏度，於是這種引擎採用了壓電式噴嘴。

直噴汽油引擎的混合氣體越稀薄，泵送損耗越少，因此，便能節省下相對應的油耗。噴霧引導式直噴引擎可以利用空燃比實現 88 至 118 的超超稀薄燃燒。但是，過於稀薄的空燃比會使觸媒轉化劑溫度下降，因此，我們要在空燃比為 29 至 59 之間的範圍內進行駕駛。順便一提，豐田、三菱的成層燃燒直噴引擎空燃比在 20~50 左右。

使用壓縮比高的直噴引擎，熱效率會超過 0.5。與現在 BMW 均質燃燒直噴引擎相比，噴霧引導式直噴引擎很少出現不完全燃燒的情況，汽缸的熱損失也很少。

不完全燃燒主要是由活塞的上岸環(top land)和汽缸之間的間隙中的混合氣體無法燃燒產生的。採用成層燃燒技術的噴霧引導式直噴引擎中，夾在這個間隙中的混合氣體很少，從而大幅降低了燃燒損耗。汽缸熱損失少也許也是因為利用成層燃燒技術，接觸汽缸壁的燃燒氣體溫度很低。

噴霧引導式直噴引擎與之前的直噴汽油引擎一樣，都是根據駕駛狀態域選擇最適合的燃燒方式。低轉速、低負荷的情況下，它們會選擇成層燃燒，高轉速、高負荷的情況下，它們會切換至均質燃燒。而且，在成層燃燒技術中，從超稀薄燃燒到稀薄燃燒，空燃比是連續變化的。

在採用成層燃燒的直噴引擎中，淨化 NO_X 成了一個問題，所以這個引擎也使用了吸藏型 NO_X 觸媒轉化劑。在成層燃燒時，這種觸媒轉化劑會吸收為其中的 NO_X，而且，在均質燃燒時，它會將其還原。在觸媒轉化劑變暖之前，汽車都會按照理論空燃比行駛。觸媒轉化劑變暖之後，引擎就會切換至成層燃燒，開始吸收 NO_X，在高負荷的均質燃燒狀態下，它會將 NO_X 還原。

NO$_X$容易被硫毒化，所以需要使用低硫的汽油，但是以前歐洲汽油的硫含量很高，但是現在已經降低到10~20ppm了，在不久的將來，預計會降到5ppm。正因為如此，BMW才開發了噴霧引導式直噴汽油引擎。

儘管如此，噴霧引導式直噴引擎的 NO$_X$ 排放量仍然比均質直噴引擎多，歐洲的廢氣排放規定中沒有類似於日本的稅收制度，他們對 CO$_2$ 排放量少的汽車有優惠稅制。於是，與廢氣排放相比，歐洲優先設法降低 CO$_2$的排放量，也就是降低油耗。特別是 BMW，BMW 是一個大排氣量汽油引擎車的製造商，僅用柴油引擎來降低 CO$_2$ 的排放量是不夠的。

一旦換成噴霧引導式直噴引擎，就不再需要電子汽門(Valvet 體積 nic)了。這也因為成層燃燒即使在低負荷的情況下，也能吸入大量空氣，從而降低進汽行程中的泵送損耗。另一方面，電子汽門是在汽缸的入口處透過控制進汽來降低壓縮行程中的泵送損耗的。

BMW 計畫在噴霧引導式直噴引擎配置了渦輪增壓。其目的是讓高輸出功率和低油耗並存。2.3bar 這種較高的過給壓會使最高輸出功率提高 1.5倍，而且能夠發揮出直噴引擎特有的抗爆性，將壓縮比維持在 10.5 的高度，並能夠使其成為一個能將油耗控制在自然進汽引擎油耗水準的引擎。

據說，BMW 預計在 2008 年將這種第二代直噴汽油引擎實際應用起來。混合動力系統也是降低 CO$_2$ 排放量的一個有效手段，但我們可以說，也許選擇引擎技術才更像 BMW 作出的選擇。

≡ 3.不需要節汽門的無節汽門式引擎

代表本田 VTEC 的可變汽門系統透過將汽門正時系統和汽門升程設置成可變模式，可以將低轉速到高轉速的進排氣效率保持在最佳水準。

在引擎的設計階段，原本是要在實用性和高性能之間做出選擇的，但導入可變系統之後，就可以使相反的特性同時並存了。要想朝著實用化的目標前進，引擎就必須具備便於使用和油耗低的條件。而現在，即使將引擎的性能提高，也可以使引擎具備這些優點，最終，輸出功率性能和油耗性能便能夠同時提高了，所以許多引擎都已開始採用可變汽門系統。配氣系統是決定引擎性能的關鍵部位，因此，DOHC4 閥引擎成了主流，我們可以說，接下來，可變汽門引擎會成為主流。在這之後，無節汽門結構成了備受關注的技術。

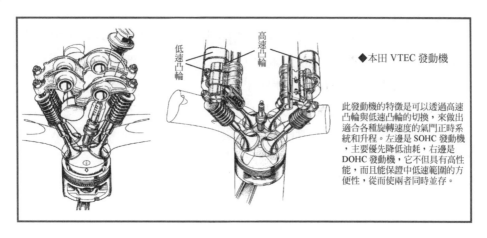

◆本田 VTEC 發動機

此發動機的特徵是可以透過高速凸輪與低速凸輪的切換，來做出適合各種旋轉速度的氣門正時系統和升程。左邊是 SOHC 發動機，主要優先降低油耗，右邊是 DOHC 發動機，它不但具有高性能，而且能保證中低速範圍的方便性，從而使兩者同時並存。

所謂無節汽門系統，是指使進汽門的開閉時間和汽門的升程量設置成連續可變模式，使其具有節汽門作用的系統。也就是說，這種系統不是靠節汽門調整空氣的吸入量，而是透過調節進汽門的開閉時間和升程量來實現。

其優點是吸入空氣量不受節汽門控制。吸入氣體在到達進汽門之前，其壓力會變成大氣壓，因此，它可以降低低負荷狀態下的泵送損耗，從而減少油耗。

現在的引擎使用的是電子控制節流，所以司機即使踩下加速器，節汽門也未必按相對應的比例開閉，調整空氣吸入量是由節汽門來負責的。

因此，空氣是從節汽門流入歧管的。空氣在達到進汽門之前，需要一定的時間，所以要想達到司機所期望的加速狀態，需要一點時間。為了使這種情況消失，跑車上採用了給每個汽缸單獨配置一個節汽門的方法。與其如此，不如讓進汽門同時負責調整空氣的吸入量，這樣一來，其靈敏度也會提高。

無節汽門系統的另一優點是可以使進汽門周圍的氣體流速總是保持在一個很高的狀態，因此，吸入氣體的流速就比較快，從而能夠促進燃燒的霧化。這樣可以促進空氣與燃燒混合起來，從而使其充分燃燒，因此，這樣也有助於提高輸出功率、扭矩。燃料燃燒得充分，也會使廢氣的排放量降低，從而形成一個良性循環，因此，與之前的引擎相比，電子汽門引擎的扭矩提高了。

現在，只有 BMW 的電子汽門使用了無節汽門結構。當然，其他汽車製造商、零組件製造商也正在開發無節汽門結構，其他製造商發佈具有這種結構的引擎也只是時間上的問題了吧。

三菱汽車在 2005 年的車展上展示的次世代 MIVEC 是可變汽門結構的，但仔細想想，其實就是無節汽門結構。它在系統上雖然與 BMW 不同，但是它可以同時連續變換汽門升程和汽門的打開時間，這是它的一個特徵。此外，鈴木正在開發使用 3 維凸輪的系統，不過這是一種用於摩托車的引擎。

BMW 的電子汽門

我們也可以說 BMW 的電子汽門系統是一種新式的可變汽門結構。它的進汽門作用角和升程可以根據引擎的負荷情況，在很大的範圍內連續變化，它在 BMW 的獨特結構上組合了位元相連續可變結構。汽門升程量和汽門的打開時間可連續變化是它的特徵。在低負荷狀態下，隨著汽門升程的縮小，汽門打開的時間也會縮短。反之，在高轉速狀態下，在汽門升程量增大的同時，汽門的打開時間也會加長。

汽門升程量最小的時候，當然是怠速的時候，這個時候，汽門的升程量只有 0.2mm。汽門的升程可從這個數值開始連續變動，最大可達到 10mm，並根據需要調整混合氣體的吸入量。升程增到最大的時候，不僅是引擎處於全開狀態的時候，汽門打開的時候，它的升程也會加長。

引擎的偏心軸透過控制位於進汽凸輪和進汽門之間的拉桿，來調整汽門的升程量。進汽凸輪的基本情況與普通凸輪相同，但進汽凸輪有拉桿，它是利用槓桿原理，透過連續改變力點的位置，來改變汽門的升程量的。

BMW 在其獨特的開閉系統上組合了位元相連續可變結構。這種位元相連續可變結構與豐田等引擎上使用的葉片式可變汽門正時結構相同。汽門打開的時間與最大升程是相對應的關係，BMW 如果不將其與可變汽門正時結構組合起來，在低負荷狀態下，進汽門就會延遲打開。因此，使用

了這種位元相連續可變結構，不
管在何種負荷狀態下，進汽門都
會在進汽行程的最初打開，在低
負荷狀態下，則會在進汽行程的
中途關閉。進汽門在進汽行程的
最初打開，是為了配合燃料供
給。

在電子汽門系統中，也保留
了之前的節汽門。在無節汽門行
駛狀態下，空氣的吸入量不會因
節汽門而變化，因此，進汽歧
管內不會產生負壓，這是因為
引擎啟動時，碳罐淨化時使用
的是負壓。碳罐的作用是吸收
油箱內蒸發的油汽，防止其擴
散到大氣中，但是它的吸附量
是有限度的，所以為了讓引擎
啟動時吸附的油汽在引擎內燃
燒，就要利用進汽歧管的負壓。

另一個原因是為了確保天
氣較冷時引擎的啟動性。使用電子
汽門的時候，吸入的氣體會在汽缸
內膨脹，溫度下降，所以，天氣冷
的時候，引擎比較難啟動，所以，
天氣冷的時候，引擎會將進汽門的
升程量調節到最大，用節汽門控制
進汽。引擎暖機後，要讓節汽門保
持在全開的狀態下，並用電子汽門
的開閉調節引擎的負荷。

◆BMW 電子汽門系統

這是 BMW 電子汽門系統的汽缸蓋。左側的排汽凸輪與右側的進汽凸輪位置不同，就是因為有電子汽門結構存在。

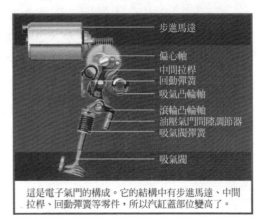

步進馬達
偏心軸
中間拉桿
回動彈簧
吸氣凸輪軸
滾輪凸輪軸
油壓氣門間隙調節器
吸氣閥彈簧
吸氣閥

這是電子氣門的構成。它的結構中有步進馬達、中間拉桿、回動彈簧等零件，所以汽缸蓋部位變高了。

2005 年發售的 3 系列使用的直列 6 缸發動機上採用了電子氣門系統。

這種電子汽門最早用在了 BMW 的直列 4 缸引擎上，之後，其使用範圍擴大到了 V 型 8 缸、V 型 12 缸引擎，2005 年，配合 3 個系列車型的更新，直列 6 缸引擎也採用了這種電子汽門。現在，只有 BMW 在直列 6 缸引擎上使用了這個系統，BMW 則試圖將其結構小型化，並用滾動軸承取代凸輪軸、拉桿、偏心軸等零件上曾經使用的滑動軸承，進行減少摩擦損耗等改良。

這樣一來，就能使 3 升的直列 6 缸引擎最高轉速上升 500rpm，使其馬力達到 258 ps，從而使其輸出功率上升了 12%。據說，其油耗性能也同樣提高了 12%。

⬛ 三菱的次世代 MIVEC 引擎

三菱積極致力於研究引擎的可變技術，並取得了成績。而且，最早實現直噴引擎量產的就是三菱。

三菱的 MIVEC 引擎與本田的 VTEC 引擎相同，都採用了借助凸輪的切換實現可變汽門升程的系統，20 世紀 90 年代後半期，它得到了實際應用。之後。它也經歷了一段銷售低迷時期，三菱沒有看到這方面的技術進步，但是次世代 MIVEC 感覺到了人們想挽回浪費的時間之意願。

此引擎將進汽一側的汽門升程和汽門正時系統的可變範圍擴大了很多，它利用一個結構連續控制進汽門的升程量、汽門的開閉時間、開閉時的正時。與汽門的升程量無關，此引擎的汽門打開正時系統基本保持不變，但是汽門的關閉正時系統產生很大的變化。也就是說，它是一種靠汽門的升程量和汽門正時系統的變化，來控制空氣吸入量的無節汽門引擎。升程量在最大 10mm，最小 1mm 之間連續變化。

此引擎以 2.4 升直列 4 缸引擎
為原型，其汽缸體一側與原來相
同，但是為了實現這種系統，它
更新了 2.4 升直列 4 缸引擎的汽
缸蓋部分。

◆三菱的次世代 MIVEC 直列 4 缸 2.4 升發動機

此引擎是 4 汽門 SOHC(
單頂置凸輪軸)式的。本田也有
用 1 個凸輪開閉 4 個汽門的引
擎，此引擎也與之相同，利用來
汽門搖臂開閉各汽缸的 4 個汽
門。

於此不同的是，為了讓汽門
升程可連續變化，此引擎配備
了搖動凸輪，借助與開閉汽門
的搖臂相連的挺桿，來連續改
變升程量。

為了降低配氣系統的摩擦
損耗，這個部分裝有一個滾動
軸承。

此引擎採用了 SOHC 結構，可連續改變汽門的升程和正時
系統，可調節空氣的吸入量。它借助這種結構，可降低泵
送損耗。

它在方法上與 BMW 的電
子汽門相同，但它沒有位元相
連續可變結構。不管是何種負
荷情況，它的進汽門都會在吸
入形成的最初打開，這是因為
根據負荷的變化，進汽門的關
閉時間會連續變化。

為了實現 SOHC，此引擎將凸輪軸裝在進排汽門之間的凹陷處，各類
挺桿、樞軸等結構則位於汽門的上方。因此，汽缸蓋周圍比較緊湊。此引
擎的構造可同時驅動兩個進汽門，這種構造也做出了很大貢獻。

為了讓吸氣一側的升程量可變，此發動機配備了搖動凸輪，利用挺桿使之連續變化。

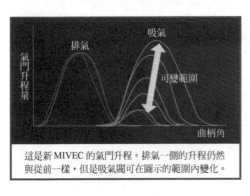

這是新 MIVEC 的氣門升程。排氣一側的升程仍然與從前一樣，但是吸氣閥可在圖示的範圍內變化。

與原來的 DOHC 引擎相比，BMW 電子汽門的汽缸蓋較高，但是次世代 MIVEC 的汽缸蓋高度與普通的雙凸輪引擎基本相同。

此引擎在排氣一側未採用位元相連續可變結構，與普通的雙凸輪引擎相同，排氣一側的開閉也依靠汽門正時系統。此外，與 BMW 的電子汽門相同，此引擎也帶有節汽門，但一般情況下，它都處於空置狀態。據說，這樣使泵送損耗減少了 50%左右，油耗則降低了 10%左右。順便一提，此引擎的壓縮比在 10.5~11 左右。

正如次世代這個詞所述，此引擎尚處於開發階段。在 2003 年的車展上，三菱曾計畫將直列 4 缸引擎中最大的 2.4 升引擎做成直噴引擎，但是在 2005 年的車展上，三菱未展出直噴引擎。豐田、本田等製造商致力於開發直噴引擎，而三菱可能正致力於可行性更大的無節汽門系統的開發。

鈴木的連續可變米勒循環引擎及其他

鈴木在車展上展出了非賣品無節汽門 3 維凸輪結構，這種 3 維凸輪結構曾用在連續可變米勒循環引擎上。它與其他引擎的根本區別在於，配氣系統的可變結構是靠 3 維凸輪實現的。如圖所示，這種 3 維凸輪的外形呈圓錐狀，形狀複雜且較長。

　　此結構在進汽側和排氣側分別安裝了這種 3 維凸輪，這種凸輪向軸方向移動，進汽門和排氣門的升程和正時系統就會連續變化。引擎則會根據汽門的升程和正時系統的變化，來控制燃燒室吸入混合汽體的量，因此，這種結構不需要節汽門。

鈴木的 3 維凸輪可以將汽缸蓋部分做成這種系統，因此，它也可以用在現存的引擎上。如下圖所示，凸輪向軸方向滑動，便可使汽門的升程等變化。

　　3 維凸輪汽門之間的滾子從動件，以橫跨各有一對的進排汽門的橋(bridge)爲軸轉動，從而降低汽門與凸輪的摩擦。而且，2 個進汽門彈簧的負重彎曲特性有一定的差，以使一個進汽門先打開，從而使之產生渦流。

　　3 維凸輪結構將之前的 4 汽門 DOHC 引擎上安裝的凸輪換成了 3 維凸輪，這是它在結構上的最大變化，因此，這個系統比較緊湊。其汽缸蓋的高度也與普通的雙凸輪引擎沒有區別。

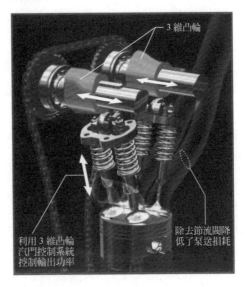

3 維凸輪

利用 3 維凸輪汽門控制系統控制輸出功率

除去節流閥降低了泵送損耗

擎沒有區別。只是增加了使 3 維凸輪朝著軸方向運動的結構。換一種說法的話，我們可以說只要將 3 維凸輪和使之移動的結構安裝到汽缸蓋上，從前的引擎就變成了無節汽門引擎。

但是這種結構存在複雜的 3 維凸輪的成形比較麻煩，凸輪與滾子之間的接觸是點接觸，容易磨損等問題。因此，鈴木對 3 維凸輪表面進行了珠擊加工，使其表面留有壓縮應力，從而防止摩擦。

　　3 維凸輪無節汽門結構透過連續可變米勒(阿特金森)循環系統降低泵送損耗，並利用渦流最佳化燃燒，據說最高使油耗性能提高了 40%。對於提高引擎的效率很有效的米勒循環引擎，具有較低油耗的效果，因此，似乎有人計畫將其應用到摩托車引擎上。

※

　　日立製作所發表的無節汽門結構，能使汽門升程和汽門正時系統連續變化，與 BMW 的電子汽門相同，它也安裝了位元相連續可變結構。靠曲軸驅動的偏心軸會搖動挺桿，並將這種搖動傳遞給凸輪。其搖動角度可透過移動挺桿的支點改變。挺桿的搖動幅度較大時，凸輪的搖動幅度也會很大，因此，汽門升程就會變大，汽門的打開時間就會加長。反之，挺桿的搖動幅度較小的時候，凸輪的搖動幅度也會比較小，因此，汽門升程就會縮小，汽門的打開時間也會縮短。

　　與 BMW 的電子汽門相同，為了使其能夠根據負荷情況控制內部 EGR量，此結構也在排氣一側採用了位元相連續可變結構。

　　日本活塞環株式會社展示的無節汽門系統結構很簡單。它的凸輪借助槓桿型的汽門搖臂按下汽門，透過汽門搖臂支點的移動改變汽門升程。汽門搖臂的支點一旦移動到凸輪一邊，汽門升程就會變大，一旦移動到汽門一側，汽門升程就會縮小。

　　但是這種方式下，進汽門打開的時間不會有變化，而且汽門正時系統也沒有變化。即使是在低負荷的情況下，進汽時間也會變長，所以我們要將低負荷狀態下的汽門升程縮小。

　　此外，將空氣吸入量與燃料供給量的比例調整得協調不是一件簡單的事。燃料的供給量是由噴射時間的長短控制的，所以在燃料供給少的低負荷狀態下，進汽門打開的時間最好也能短一些。這是一種非常簡單的結構，很難將所有條件都控制在最優的狀態下，所以就要看如何兼顧兩者了。

總之，無節汽門結構不僅是一種今後提高油耗性能，且今後越來越重要的有效對策，也是一種我們應該關注的與未來的引擎技術有關的結構。

4.具有可變壓縮比的引擎的開發

導入了各種可變系統之後，引擎的結構變得複雜了，但是與此同時，引擎也正在向著全面最佳化前進著。從這個意義上來說，將對引擎效率影響最大的壓縮比做成可變模式，是引擎在進化過程中應該挑戰的課題之一。

如果能將壓縮比做成可變模式，就可以避免渦輪引擎將壓縮比全面降低的無效率行為了。為了防爆震，渦輪引擎將壓縮設得比自然進汽引擎低一些，因此，在過給壓較低的情況下，引擎的熱效率就會降低，並降低汽車的油耗性能。

為了有效地活用排氣，渦輪引擎會將過給壓的上升延遲，因此，在低壓縮比狀態下，扭矩的啟動也會延遲，而渦輪遲滯是它的一個很大的弱點。如果將壓縮比做成可變模式，在渦輪過給壓較低的中低速域，引擎就可以提高壓縮比，而且渦輪高效率運轉時，引擎就可以降低壓縮比，以避免其發生爆震。這樣一來，安裝渦輪的負面影響就消除了。

此外，柴油引擎為了確保其啟動性，會使用高壓縮比，而如果將渦輪應用到柴油引擎上，就不需要很高的壓縮比了，也就需要能夠一直在高壓縮比下工作的結識的引擎體了，這樣便能使其變輕了。

汽油引擎也可以根據燃料的辛烷值，將壓縮比調節到最適合的程度。使用辛烷值較低的普通汽油時，它可以將壓縮比降低，在使用辛烷值較高的高級汽油時，它可以將壓縮比提高。根據辛烷值自動調整壓縮比，是現在的引擎為了防止爆震採取的對策，比起延遲點火時間，這個低油耗的防爆震對策更好。

但是，可變壓縮比的實現並不是一件容易的事情，因為它會連累以往復式引擎的曲軸結構為首的引擎主要運動部分。這是因為與可變的配氣結構相比，它是一個具有很大作用的可變結構。

71

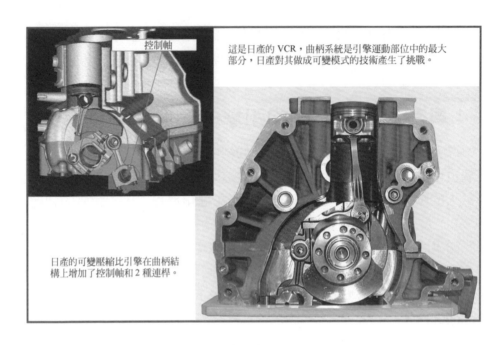

控制軸

這是日產的 VCR，曲柄系統是引擎運動部位中的最大部分，日產對其做成可變模式的技術產生了挑戰。

日產的可變壓縮比引擎在曲柄結構上增加了控制軸和 2 種連桿。

　　至今為止，人們也已經構思許多實現可變壓縮比的結構。

　　要想將運動部位變成可變結構，可以採用改變活塞銷與活塞頂面的距離的方法，或是在活塞銷和曲柄銷之間插入一個偏心襯筒，從實質上改變鏈桿的長度，從而將壓縮比做成可變模式。

　　這些方式是透過油壓進行遠隔操作的，因此，不易做到所有汽缸同時調節壓縮比，也很難將其做成連續可變模式。而且，改變活塞銷與活塞頂面距離的方法會使活塞的重量加大，這樣一來，可變模式也失效了。

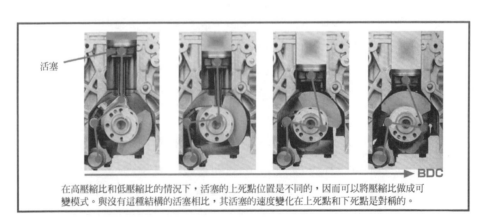

活塞

BDC

在高壓縮比和低壓縮比的情況下，活塞的上死點位置是不同的，因而可以將壓縮比做成可變模式。與沒有這種結構的活塞相比，其活塞的速度變化在上死點和下死點是對稱的。

　　在這種情況下，日產公開了正在開發可實際應用的連續可變壓縮引擎的事情。這個系統被稱爲日產 VCR(Variable Compression Ratio)，應該說是一種複數鏈桿方式。

　　它的結構是這樣的，在曲柄銷周圍搖動的槓桿一端連上連桿，另一端連上一個從控制軸伸出來的鏈桿，控制軸一旋轉，鏈桿就會使槓桿在曲柄銷周圍搖動。這樣一來，活塞的上死點位置便可上下移動，並可連續改變壓縮比。

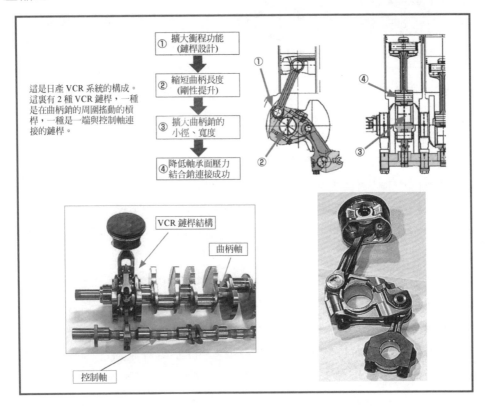

這是日產 VCR 系統的構成。這裏有 2 種 VCR 鏈桿，一種是在曲柄銷的周圍搖動的槓桿，一種是一端與控制軸連接的鏈桿。

① 擴大衝程功能（鏈桿設計）
② 縮短曲柄長度（剛性提升）
③ 擴大曲柄銷的小徑、寬度
④ 降低軸承面壓力結合銷連接成功

VCR 鏈桿結構
曲柄軸
控制軸

　　鏈桿一旦將槓桿的一端拉下去，槓桿的另一端就會將連桿的一端抽起，活塞的上死點就會向上移動，壓縮比就會增高，鏈桿一旦將槓桿的一端抽起，槓桿的另一端就會將連桿拉下來，活塞的上死點就會下移，壓縮比就會降低。

日產 VCR 還具有降低活塞敲擊，減少摩擦損耗的效果。

日產正在開發的引擎估計是渦輪引擎，可使壓縮比在 14~8 之間變化。在過給壓較低的低負荷情況下，它可以提高壓縮比，從而降低油耗，在過給壓較高的高負荷情況下，它會降低壓縮比，以防止產生爆震現象。

其控制臂由驅動器驅動。電動驅動器由馬達、梯形螺絲，以及螺帽組成，馬達一旦旋轉梯形螺絲，螺帽就會朝著軸方向移動，使控制軸的叉頭搖動起來，控制軸最大可旋轉100 度。壓縮比雖然會從最大值變到最小值，但所需的時間為 0.4 秒，這比靠渦輪使過給壓上升所需的時間短。

要想使這種結構得到實際應用，必須克服的是抑制引擎的振動增大，以及降低因摩擦工作部分的增加而增大的摩擦損失。

為了找到能夠降低振動的鏈桿裝置，設計人員利用電腦進行了數億次的鏈桿配置類比計算。最終，他們找到了解決問題的方法，並開始了正式的開發。

作為日產 VCR 結構的衍生效果，引擎的活塞敲擊大幅降低了。此外，雖然新增加的鏈桿結合部位摩擦損失增大了，但是透過降低活塞與汽缸之間的摩擦，抑制了整體摩擦的增大。

日產 VCR 的汽缸體上必須帶有鏈桿、控制軸等系統，因此，引擎的整體尺寸增大了。設計人員還可以將其設計的比現在緊湊一些，但是要想得到實際應用，還要突破幾個壁壘。在確保整個系統的可信性的同時，如何減低成本成了一個問題。

據說，新開發出來的用於渦輪引擎的日產 VCR，在時速 100km 的普通行駛狀態下，能夠降低 13%的油耗，而且這項資料已經得出來了。此外，它可以將壓縮比提高，最佳化燃燒品質，可配置大量的 EGR，因此，作為廢氣排放對策也很有效。

　　如果能得到實際應用，再與其他可變系統結合起來，就能爲製造出效率更高的引擎開一個先河。

5.未來的優勝者會是
預混合壓縮點火燃燒引擎嗎

　　正如大家在此之前讀到的，汽車使用的內燃機不但沒有停止進化的腳步，反而越來越要求效率的提高，並正在更新。柴油引擎之所受到關注，是因爲它的熱效率比汽油引擎還好，但是廢氣排放規定嚴格了，解決柴油引擎這方面的問題越來越不容易。

　　要想提高引擎的油耗性能，就必須提高其熱效率，即使只是一點點。因此，次於柴油引擎的汽油引擎在所有領域都得到了最佳化，而且很有效，這要靠爲此而採用的各種可變結構，是直噴引擎的進步。

　　站在這一觀點上，預混合壓縮點火燃燒引擎作爲內燃機，越來越受矚目，這應該是它應有的狀態。這種引擎也被成爲 HCCI(Homogeneous Charge Compression Ignition)。

　　預混合是汽油引擎的特質，壓縮點火是柴油引擎的特性。而這種引擎同時具備了這兩種特性，所以，我們可以簡單地稱之爲將汽油引擎和柴油引擎一體化了的引擎。這種引擎可以充分發揮兩者的優點，實現比柴油引擎更高的效率，而且，可以做到減少廢氣排放，特別是解決氮氧化物 NO_x 的問題。

　　當然，它不會立刻得到實際應用。它會事先將空氣與汽油混合，然後再使其燃燒，但現在的許多直噴引擎是根據理論空燃比燃燒的，但它不並非如此，而是將燃料和空氣均質混合，使之稀薄燃燒。如果不將燃料和空氣均質混合，燃燒的時候就會產生高溫。它要求汽缸內的燃料和空氣能夠迅速均質混合，現在直噴引擎在一定程度上已經能夠做到了。

　　但是，這必須在不使用火星塞的情況下使其自然點火。我們能夠想到的方法是高壓縮或空氣加熱等方法。但是汽油這種燃料本來就不容易點燃，所以才需要用火星塞點火，在正好的時機讓它自然點火並非一件易事。需要突破幾種技術。

　　總之，要求內燃機具有更高效率的研究，是對直噴引擎技術的研究，是對具有無節汽門結構引擎技術的研究，是從組合各種連續可變結構發展起來的技術追求。

傳動方式在意的種種技術

人類經過 100 年以上的鑽研製造出了引擎，爲了讓它的性能得到進一步的提高，技術人員們正在不斷努力著。有的時候甚至挑剔細節，僅取得了很小的性能提高，但正是這些累積，讓引擎得到了進化。在這裏，我們不僅列舉了汽車製造商開發的引擎，還包括傳動方式、引擎零件在內，在 2005 年的東京車展、新車發表會等場合引起人們注意的產品爲中心，一一列舉出來。

▎豐田新開發的引擎—凌志 LF-A 使用的 V 型 10 缸引擎

爲了提高高級品牌凌志的形象，豐田在 2005 年的東京車展上，展出了爲此而開發的搭載在高檔雙座跑車上的 V 型 10 缸引擎。

正在挑戰 F1 的豐田，從 MOTOR SPORTS 總結出了許多理論和經驗，豐田將發揮了這些理論和經驗的技術都投入了進去，因此，搭載在超級跑車凌志 LF-A 上的引擎當然是追求高性能型引擎。但是此車尚未決定上市，只是作爲非賣品展出。

讓人聯想起 F1 引擎的凌志 LF-A 眞車秀。

到 2005 年爲止，F1 的規則都是使用 V 型 10 缸引擎，這讓它與豐田的 F1 挑戰行動和形象產生了聯動，因此，豐田有了一個強調輕快性的目標。

作爲跑車的引擎，它的目標是在不安裝渦輪等的情況下，依靠自然進汽產生高速運轉。豐田以 1 萬轉爲目標進行開發，而這款引擎似乎便能運轉到與之相近的程度。它的缸徑與衝程是接近於等徑程的短衝程，排氣量

這是爲凌志 LF-A 開發的 V 型 10 缸引擎。詳情不明。

爲 5000cc，汽缸爲 10 缸，因此，計算起來的話，其缸徑是 87~90mm 的，與豐田產量最大的活塞基本相同。

這款引擎做成了不加任何裝置的細長形，其開發目標是提高引擎本身的性能。它的 V 傾斜角度在 70 度左右，為了抑制 V 型 10 缸引擎不平衡產生振動，這款引擎上安裝了平衡軸。此外，為了降低引擎的高度，這款引擎去掉了油底殼，採用的是乾式油底殼，做得很潤滑。這是一種只有賽車引擎或超高性能的引擎才會採用的方式。

▍BMW 直列 6 缸引擎—用鎂合金的汽缸體實現輕量化

對於引擎來說，做得輕而緊湊是一個非常重要的課題。這是一個不可或缺的要素，特別是想實現輕快行駛的時候。如今，很多製造商對變長了的直列 6 缸引擎敬而遠之，不生產它，但是它的汽缸配列很協調，所以 BMW 為了使其得到進一步的進化，正在對其進行改良。2005 年問世的 3 系列車上搭載的直列 6 缸引擎，採用了電子汽門，BMW 在此引擎上採用了鎂合金的氣缸體，以實現輕量化。

這種材料一般用在賽車引擎上，十分珍貴，因此，在量產引擎中是絕無先例的。過去，汽缸體一般是用鑄鐵製造的，但是為了適應輕量化的要求，製造商逐漸開始使用鋁合金材料。BMW 也是第一個採用鋁合金氣缸體的，但是，使用一部分鎂材料作為之後的輕量化方法是一個巨大的挑戰。

這是 BMW 直列 6 缸引擎的汽缸體。它用鎂合金包在鋁合金材料的外面，使成為一個整體。這是為了實現輕量化。

鎂比普通的鑄鐵輕 80%，比鋁輕 30%。但是，它的強度會大幅下滑，所以採用這種材料並非易事。

於是，BMW 將引擎中需要承受力量的部分仍然採用鋁合金材料，其周圍不太需要承受力量的部分則換成鎂的想法變成了現實。

汽缸套、水套，以及容納與需要承受巨大負荷的汽缸蓋相連的螺帽等結構的部分，都用鋁合金結結實實地抱起來，其外側部分則用鎂包住。這個部分使用的鋁合金也還有增加了矽等成分的含量，以將其製造得強度大一些。

在製造過程中，首先要將鋁部分組裝起來，然後再將鎂的部分安裝到上面，而且，在製造過程中還需要新的設備，比較耗費精力的成本。

要想批量生產它，就需要鑄造鎂的技術，但這種技術很困難。據說，使用鎂材料的時候，必須細緻地管理液態鎂，並將其投入到 60 噸的壓力鑄造模具中，而且必須在 600 秒之內完成鑄造。要想製造出有一定強度的鎂合金，必須將其與少量的混合金屬進行均等混合，而且，必須使鋁和鎂很好的融合起來，成為一個整體。要想實現量產，則需要很高的技術。

▍使用模擬汽缸蓋(DUMMY HEAD)製造的日產系列 4 缸引擎

V 型引擎的汽缸體首先開始了鋁化行程，但是在直列 4 缸引擎中，採用鋁製汽缸體的引擎也正在逐漸增加。

在鋁製汽缸體中，需要採用一種方法保證汽缸的內面耐摩擦，因此，製造商會澆鑄一個普通的鑄鐵汽缸套。在這種情況下，製造商還會在其外面安上螺絲，以強化它與鋁合金的貼合度，但是為了降低成本，日產 MR 型引擎的鑄鐵汽缸套也是鑄造表皮，採用高壓鑄造的鋁製汽缸體，比舊的 QR 型引擎輕了 10kg。

在加工這種引擎的缸徑時，為了降低摩擦，需要利用模擬汽缸蓋。這樣的加工在賽車引擎上可以看到，在量產引擎上，除了鈴木雨燕的 M 型引擎等極特殊的一部分，在其他引擎上非常少見。一旦將汽缸蓋緊緊固定在汽缸體上，由於螺栓的軸力，缸徑會出現微微的變形，這種變形情況會使活塞與活塞環的摩擦增大。為了防止這種缸徑變形的情況發生，日產決定在嚴密安裝了模擬汽缸蓋的狀態下進行缸徑加工。

由於安裝了模擬汽缸蓋，所以缸徑會出現 20 多微米(0.02mm)的扭曲變形。

加工缸徑需要從汽缸體的上面將加工工具伸入，所以需要在模擬汽缸蓋上準備一個比缸徑大的貫通的孔。這個孔會降低模擬汽缸蓋的剛性，所以模擬器是用比鋁合金剛性更高的鋼制做的。這樣一來，就能確保其具有與真正的鋁合金材料汽缸蓋相同的剛性了。

　　生產賽車引擎的時候，這個操作過程是手工進行的，但是日產為了將模擬汽缸蓋-缸徑加工導入到量產引擎中，在模擬汽缸蓋的下面雕刻了一個汽缸頭墊片的形狀。這樣一來，在安裝模擬汽缸蓋時，就可以去掉汽缸頭墊片，並使模擬汽缸蓋的裝卸實現了自動化。由於採用了模擬汽缸蓋-缸徑加工，所以便不適合打孔了。因此，如果汽缸內面擦損了，就要更換汽缸體。

▌馬勒(Mahle)公司開發的活塞以及汽門

　　馬勒公司在車展會場展出了 F1 使用的活塞。據說法拉利、雷諾、豐田、BMW 等都使用馬勒公司生產的活塞。當然，活塞是鍛造出來的，展會上展示的活塞缸徑為 95.4mm，但位於燃燒室下部的活塞頭頂部形狀，會根據各製造商的引擎出現微妙的不同。因為這部分包含著它們的技術情報。

　　看了這個活塞之後，我非常驚訝。為了增加它的強度，製造商在容納活塞銷的銷孔周圍設置了幾條螺紋，此外，其壓縮高度(活塞銷的中心與活塞蓋之間的距離)僅是普通活塞的 30%左右，非常短。據說，其重量是普通活塞的 1/3~1/5。活塞的輕量化減輕了連桿的負擔，而且，還能縮小曲軸軸承的寬度，從而減少摩擦。高轉速引擎的摩擦會增大，因此，如何減少這種摩擦成了一個重要的課題。

排氣量在 2 升左右的高級柴油引擎在歐洲很有人氣，這些是用在這種引擎上的各式各樣的活塞。製造商對這些活塞採取了耐熱對策。

　　展覽會上展示的活塞，其第一道
氣環是壓縮環，第二道環是油環，共
計 2 個環，這樣也降低了機械損失。
其環溝的寬度爲 0.5mm。重量是普通
活塞的一半。

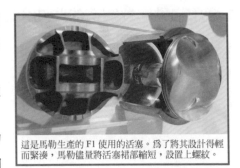
這是馬勒生產的 F1 使用的活塞。爲了將其設計得輕
而緊湊，馬勒儘量將活塞裙部縮短，設置上螺紋。

　　馬勒生產的直噴柴油引擎使用的
鋁質活塞就放在它的旁邊。直噴柴油
引擎的排氣量在 1900~2000cc。與汽油 300℃的溫度相比，活塞表面的溫
度比 380℃還高 2 成以上，因此，爲了冷卻，直噴柴油引擎內設置了冷卻
通道，並將 SUS 製造的環槽澆鑄到了鋁質主體中。

　　如果在高負荷狀態下，活塞銷的襯
套可能會出現磨損故障，因此，爲了防
止這種情況出現，馬勒在整個活塞上都
進行了磷酸皮膜處理。而且，一旦負荷
太高，活塞的直徑當然就會變大，重量
也會增加，因此，在防止出現這種情況
的意義上，馬勒採用了 1.5~2mm 厚的

這是馬勒生產的輕了 40%的組合式錐閥。

銅制襯筒。據說這裏採用了壓合技術或用氮氣將其冷卻插入的冷縮配合方
法。

　　在同一個馬勒的攤位上，還展出了形狀有些奇怪的進排氣門。它們比
普通的進排氣門輕了 40%,是一種組裝式氣門。爲了將其輕量化，它的閥桿
都是中空的，或者說是用板材卷成的，然後用雷射光束將圖片中所示的傘
部和座部(這些全部是用板材製作的)焊接上去。將鈉放入排氣門，能夠提
高其冷卻性。據說桿的上部使用的是摩擦焊接的方法。據攤位解說員講
解，它與普通的氣門採用的是相同的材料，能夠耐 800℃的高溫。它具有
與鈦相似的性能，但成本卻比鈦低。如果批量生產這種氣門，出材率會比
普通的汽門提高 30%左右。在製作技術上，一直確保其垂直一邊焊接是一
個要點。

▌豐田自動織機鑄造的柴油引擎

豐田品牌面向歐洲生產的柴油引擎的鋁質汽缸蓋是由豐田自動織機生產的。

這是豐田的柴油發動機汽缸體。自 2006 年 1 月起，波蘭也能夠生產出這種產品了。

在歐洲很活躍的所謂的豐田品牌的高級柴油引擎用鋁製汽缸體和汽缸蓋，都是豐田自動織機製造的。大正 15 年，豐田自動織機創立，而且它原本是豐田汽車的母公司，它雖然正在自行開發纖維機械的鑄件，但也一直生產豐田汽車的零組件。

這個汽缸體和汽缸蓋是 AVENSIS、LAV4、COROLLA(卡羅拉)使用的。如此大而複雜的鋁質壓鑄產品，一般情況下會碰到出現縮孔、氣孔、破裂的冷硬層等缺陷的難題，但據說，豐田自動織機用內冷技術、從外部澆水冷卻的技術等複合技術解決了這些難題。據工作人員說："這種設備格外簡單，而且維修也很方便哦。"汽缸蓋則是用一種被稱爲傾斜式重力直冷方式(所謂重力，是指重力鑄造)的技術所製造的，並將中子數從原來的 10 格減少到了 6 個等等，而這種產品並不是用很大規模的生產線製造出來的，而是所謂的芯柱(core)式，據說這大大降低了生產成本和生產時間。

▌各種降低機械損耗的嘗試

世界各地都在進行著將引擎運轉部分的摩擦降低，將其製作成一個低油耗型引擎的努力。

威姿(VITZ)、花冠(RUNX)上搭載的豐田 2SZ-FE 引擎上安裝了一種叫作"水套隔圈(water space spacer)的零件。這個零件很簡單，只是在汽缸體水套內的不銹鋼制的台座上貼了一個泡沫橡膠。通常情況下，引擎燃燒室附近的溫度最容易升高，因此，透過安裝水套隔圈，可以做到控制冷卻水流，從而降低汽缸壁的溫度差。這樣做的目的是想將汽缸壁中心部位的溫度升高，從而降低摩擦。

安裝上這種隔圈之後，缸徑上部的冷卻水流速會增大，汽缸體上部和缸徑間的冷卻效果會得到提升。但是，缸徑中央部位附近很難再受到冷卻水的影響，因此，壁面溫度會上升。這樣一來，就能夠降低汽缸壁的溫度差，使之均勻膨脹，並降低附著在壁面上的機油黏度，其減少摩擦的效果值得期待。

利用交流發電機發電降低引擎的負荷，以降低油耗的系統是"充電控制系統"。這種系統被用在了花冠等車的引擎上，它會在加速時降低發電電壓，減速時提高發電電壓。在怠速或低速行駛時，則調整發電電流，以使其接近電流估算值(用電流感測器檢測出的電池輸入輸出電流的估算)。電池電流的感測器安裝在電池的負極上，它會檢測出充放電的電流量，並向 CPU 輸送信號。CPU 會根據這個信號算出電池的容量。要想檢測出充放電電流，需要使用一種叫作霍爾單元的電子零件，以將磁通量密度的變化量換算成電壓輸出。

此外，這個電池電流感測器上還安裝了一個電池溫度感測器。電池的液溫過低或過高，會成為造成電池提前老化，或導致電池用盡的故障的原因。因此，一旦感知到液溫異常，它就會停止充電控制，將其切換到定電壓發電模式，以保護電池。

這是軸承製造巨頭 NTN 提出的滾柱軸承式的曲軸軸承。

連桿也採用了滾柱軸承，以降低機械損耗。

這是 BMW 的電動式水泵。雖然降的比較少，但降低機械損耗→提高油耗性能的圖式是成立的。

但並不是只有電池液溫低或高時，才會進入定電壓發電模式。電池容量低時，雨刷工作時，電流感測器、車速感測器等感測器報告異常時，引擎啓動時，電池也會切換到定電壓發電模式。

據說，作爲降低引擎主體運轉部分機械損耗的對策，軸承製造商 NTN 的提議是將引擎主體的運轉部位—曲軸軸承部換成耐磨擦性更強的針式滾柱軸承，而不是從前使用的滑動軸承，而且，連桿的支撐部分也同樣使用針式滾柱軸承，從而降低機械損耗。

BMW 直列 6 缸引擎上使用電動水泵也是爲了相同的目的。機械式的泵一般透過皮帶傳動曲軸的動力使之工作，而它是靠電工作的，與引擎的旋轉是獨立的，因此，它根據引擎的轉數來供給必要的水。如果使用機械式的泵，即使是在低轉速的時候，它也會流出超過需求量的水，這關係到引擎動力的浪費。電動泵使用的是來自於電池的電，因此，它不會損耗引擎的動力，而且只需相當於舊式泵 10%的能量，所以，雖然力量微小，但也會提高引擎的油耗性能做出了貢獻。

▊ 模組化降低了零組件的數量

引擎的輔助機械領域也安裝了 21 世紀型的結構。其流程是模組化、簡單化、低成本化。

例如燃料泵。過去，汽車的燃油泵位於引擎室中，或是油箱附近。但是從 10 多年前開始，汽車的燃油泵更換成了箱內燃油泵。也就是說，在燃料箱內安裝燃油泵的形式。在最近上市的車上，碳罐(防止燃料蒸發氣體排出的裝置)、燃料濾清器、壓力調節器、截止閥、燃油量感測器均作爲燃油泵的一部分與之整體化了。

燃油泵的控制系統會根據起動馬達信號，以及引擎旋轉信號開閉燃油泵，而且，除了引擎停止的時候之外，氣囊工作時，它會關閉燃油泵，將燃料洩露控制在最小限度，CPU 會檢測氣囊發出的工作信號，並關閉燃油泵。

零組件的數量正在減少，並試圖實現輕量化。按照汽車製造商的理論來思考的話，這種模組化也許是合理的，但是如果從用戶角度考慮，這並非一件好事。這是因為，如果燃料濾清器壞了，用戶就要面對特意將油箱拆下來，將燃油泵整個更換掉的窘境。

如果是過去，只要將位於引擎室內的樹脂制燃料濾清器的濾芯換成新的，問題就解決了。一旦一個零件中的一個功能壞了，就要更換整個零件的話，會給用戶造成強迫性的負擔，因此，還需將零件的壽命做的長一些。

▋鎂製汽門室蓋

鎂比鋁輕，因此，使用鎂有助於引擎的輕量化。但是，它的強度較小，因此，能夠使用它的部位便受到了限制。汽缸蓋不用承受力量，因此可以使用鎂合金製造，但成本是一個問題。

與追求高性能的引擎不同，豐田的 1N-FE 引擎重視的是實用性，但此引擎上的汽門室蓋上也試用了鎂，一直到今天為止的緊湊型汽車引擎的常識看來有些奢侈，而且至今為止，這種想法也很普遍，但這是一個量產產品，所以豐田也許成功做到了成本的降低。

▋皮帶周圍的安靜性和耐久性的提高

這是交流發電機的皮帶輪。交流發電機的驅動順序是曲軸→皮帶輪，於是，皮帶輪上安裝了一個彈性體，是一種吸收扭矩波動，抑制聲音和振動的裝置。引擎靠插入皮帶輪和輪轂之間的彈性體吸收旋轉波動，只要改變這個彈性

在皮帶輪內安裝一個彈性體(橡膠)，能夠產生抑制旋轉波動，延長輔助皮帶壽命的作用。

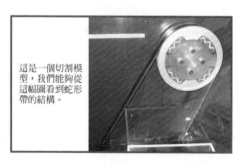

這是一個切割模型，我們能夠從這幅圖看到蛇形帶的結構。

體的硬度，便可以調整旋轉波動量的吸收率了。

這樣一來，V 型帶承受的壓力就會變小，而且皮帶壽命延長的優點也很值得期待。據說將在 2007 年下半年

得到實際應用。皮帶能使引擎的全長縮短，在這個意義上，它是很有優勢的，但是皮帶多用背面驅動，皮帶本身的彎曲率很高，因此，為了不妨礙皮帶的耐久性，還需要實施一個延長皮帶壽命的方案。

▋排氣系統與進汽系統零組件的新嘗試

排氣系統零組件與觸媒轉化劑有關聯，所以這部分比較值得關注。引擎起動後，為了讓觸媒轉化劑在排氣溫度未升高的狀態下也能充分發揮作用，製造商下了很多功夫，他們會將觸媒轉化劑安裝在排氣歧管的緊接後面，或者將其做成雙管，以儘早提高排氣溫度。

排氣歧管一般用能耐 1050℃ 高溫的奧勒田鐵或肥粒鐵製造，產品名稱是 Hercules Side。是 SUS(不銹鋼)鑄件。圖片中是富豪(VOLVO)的排氣歧管，但雷諾、本田雅哥(ACCORD)、日產等所有新一代高級柴油車都使用這種排氣歧管。而 VW 的 POLO 的引擎採用的歧管與渦輪增壓裝置的外殼是整體的。

這是蓋瑞特(Garrett)渦輪和 VW 的 POLO 柴油引擎使用的模組化了的排氣歧管。

這是鈴木新型好伙伴(EVERY)的樹脂製進汽歧管形狀的恆溫器外殼。其進汽歧管本身雖然是尼龍 6 製作的，但恆溫器的外殼卻是用被稱為聚苯硫醚樹脂(PPS)的工程塑料製造的，其耐水性和耐化學性很強。據說它最高能承受 150℃ 的溫度。它與尼龍 6 的對接是用摩擦焊著完成的。

鈴木好伙伴(EVERY)的賣點不僅在於它是第一個使用電動滑門的輕型轎車。它那與進汽歧管一體的恆溫器外殼也是它在機械方面的賣點。

▋無凸輪電磁閥結構

這是未來技術之一。現在的技術靠凸輪軸開關汽門，但這是一種去掉凸輪，用電磁驅動器替換它的系統。在車展上展示這種技術的是因引擎管理技術而聞名的法國雷奧公司此技術靠帶有 2 個電磁線圈的螺旋彈簧開閉汽門。這種電磁汽門工作系統有很多優點。這種技術控制汽門開閉的自由度很大，因此，可以根據汽門的開閉時間和升程量決定混合氣體的注入量。所以，它可以降低怠速運轉。其次，它可以降低泵送損耗。再者，它不僅能讓汽門停止，也能讓汽缸停止。而且，引擎的靈敏度會得到提高，扭矩也有望提高。

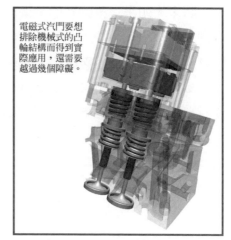

電磁式汽門要想排除機械式的凸輪結構而得到實際應用，還需要越過幾個障礙。

用來開閉汽門的驅動器，由 2 個決定汽門開閉位置的電磁鐵構成。

但是，這個系統需要汽門控制單元，如圖所示，它們是整合成一個整體的。它能準確地控制汽門的升程，單元則由水冷系統控制。

右邊的四方盒是用來控制汽門的控制單元。

使用無凸輪具有降低燃料消耗的效果，而且有望提高扭矩，但存在一個電量消耗增多的問題。而且，這種技術有兩種配置方式，一種是將進排氣系統全部換成無凸輪，一種是只將進排氣系統換成無凸輪。

將來，如果這些問題能夠得到解決，且能夠確保其可信性，很有可能得到實際應用。當然，其他製造商也正在進行這項研究。

▌VW 高爾夫的動感電子控制 6 檔 MT、DSG 變速箱

高爾夫 GTI 等車上採用的 DSG 是非常獨特的。它不但有 2 個踏板，還有一種極具動感的變速感覺，2005 年 5 月在日本投產後，據說有 8 成以上的用戶都選擇了帶有這種結構的 GTI，人氣非常高。

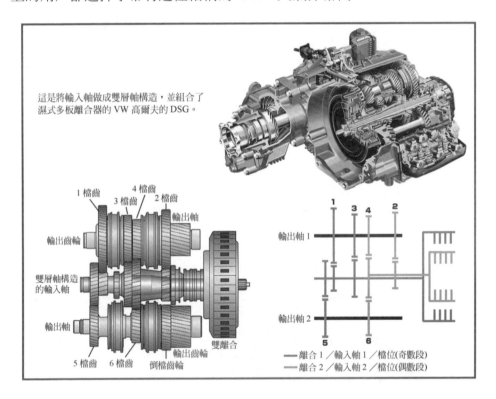

這是將輸入軸做成雙層軸構造，並組合了濕式多板離合器的 VW 高爾夫的 DSG。

1 檔齒
3 檔齒
4 檔齒
2 檔齒
輸出軸
輸出齒輪
雙層軸構造的輸入軸
輸出軸
雙離合
5 檔齒
6 檔齒
倒檔齒輪
輸出齒輪

輸出軸 1
輸出軸 2

── 離合 1／輸入軸 1／檔位(奇數段)
── 離合 2／輸入軸 2／檔位(偶數段)

這種 DSG 本來是 Bora V6 4Motion 上搭載的 6 檔橫置變速箱衍生出來的裝置。為了適應橫置引擎，此裝置將全長縮短，並裝有 1 個輸入軸、2 個輸出軸，共計 3 個軸。而 DSG 則是將其做成電子控制模式，將離合器踏板去掉的進化版。

VW 將 DSG 的輸入軸 Input shaft 設計成了具備內、外雙重輸入軸的構造。它的內外輸入軸分別帶有各自獨立的濕式多片離合器，交替傳動來自引擎的動力。在圖中的離合器 1 上，輸入軸與內軸接合。在離合器 2 上，

輸入軸與外軸接合。嵌在內輸入軸上的離合器，負責1檔、3檔、5檔，以及倒檔。嵌在外輸入軸上的離合器，負責2檔、4檔、6檔的變速。而且，它們各自的輸出軸和最後的齒輪，與差速器的環齒是咬合在一起的，所以DSG存在2種終減速比。也就是說，DSG的兩個3檔變速箱是並列搭載在車輛上的，它們交互咬合齒輪，因此可實現快速變速。

這是安裝在引擎底座上的VW高爾夫GTI的DSG。它是電子控制的6檔MT變速器。

在這幅圖上，2檔和3檔是透過同步器套筒咬合起來的，雖然它們是咬合在一起的，但是離合器是無法同時接合起來的，因此不會出現雙重咬合的現象。在實際行駛過程中，這是減速至2檔前的狀態，從這個狀態換檔，便可以實現快速變速了。此外，DSG要使用一種特殊的黏度較低的潤滑油。雖然是電子控制的手動變速器，但DSG仍會以獨特的VW式方法提高汽車的動感度。

▍次世代機械式自動變速器

這是一種使變速齒輪實現了自動化的次世代變速裝置。

愛信公司生產的這種變速裝置取名為機械式自動變速器(Automated Manual Transmission)。來自變速桿、手動自動切換開關、輸入軸等處的信號，以及輸出軸的轉數信號，會被傳送到與引擎ECU相連的變速器ECU上，並據此接合變速器的齒輪。這種變速器是依靠換檔作動器進行變速的。

日本精工的自動變速箱廠製造的手動變速器，用三個無刷馬達帶動換檔、選檔，以及操作離合的作動器。據說，它透過將AMT電動線性作動器用的滾珠螺紋藏到馬達內，才會很緊湊。

與使用扭力變換器的AT不同，它透過電子控制，使MT實現了自動化，從而使換檔變得容易了，因此，在MT車比率很高的歐洲，比起AT，這種方式的MT似乎更受關注。即使從降低油耗的觀點來看，它也是一個數年之後上市可能性很大的產品。它的主要構成部分為換檔作動器、滾珠螺紋、離合驅動器3個部分。

大排量車使用的帶式 CVT

在機械式自動變速器中，使用了扭力變換器的 AT 處於主流地位，但是在日本，帶式 CVT 的使用比率正在走高。CVT 可以利用金屬帶無段地改變變速比，當初，它只能用在小型車上。帶的製作技術進步了，如今，它的勢力範圍甚至擴大到了 2000cc 的引擎上，開始普及開來。

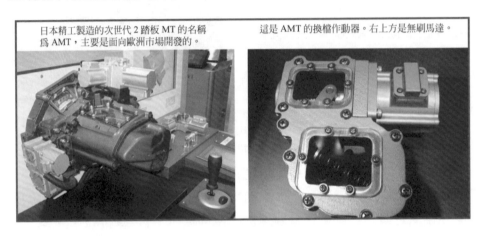

日本精工製造的次世代 2 踏板 MT 的名稱為 AMT，主要是面向歐洲市場開發的。

這是 AMT 的換檔作動器。右上方是無刷馬達。

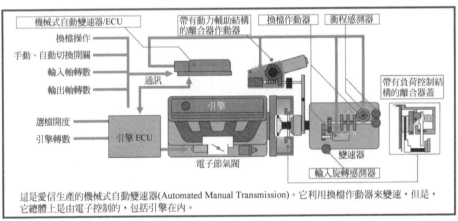

這是愛信生產的機械式自動變速器(Automated Manual Transmission)。它利用換檔作動器來變速，但是，它總體上是由電子控制的，包括引擎在內。

日產透過與變速器製造商 JATCO 進行共同開發，在 V 型 6 缸 3.5 升引擎上也配置了 CVT。它被命名為 XTRONIC CVT，可以用在 170kw(231ps) 的大馬力的引擎上。與扭力變換器式 AT 相比，CVT 能夠連續改變變速比，因此，它不會因變速產生衝擊，在提高油耗性能上也非常有優勢。

從成本角度來看的話，它似乎尚不及扭力變換器式變速器，但是隨著使用的普及，它的價格似乎也與扭力變換器式變速器比較接近了。如今，用於 FF 式汽車的帶式 CVT，使用範圍已經擴展到了這種大排量引擎領域，而其安裝率可能會越來越高。

另一方面，面向 FR 開發的環形 CVT 已經得到了實際應用，這種環形 CVT 非

這是 XTRONIC CVT 和日產 VQ3.5 升發動機。

常精密，加工偏差非常小，必須使用高性能的機油，因此，使用它成本非常高，現在的現狀是幾乎沒有得到普及。

▌添加了附加值的傳動軸

工作角度超高的傳動軸作為一種新的嘗試，備受矚目。一般情況下，傳動軸的彎曲度最大是 50 度，但是這個傳動軸的彎曲度是 54 度。這樣一來，我們就可以將它的旋轉半徑縮小，它也就主動承擔起了讓製造汽車變得更易操作的任務。

它的彎曲度很大，因此，為了讓分散它的應力，設計人員是煞費苦心，但終於透過用 CAE 分析找到了解決方法。此傳動軸的護套也比較緊，因此形狀也比較特殊。這種傳動軸是汽車製造商長久以來的期待。

它的彎曲度比普通的傳動軸多 4 度，據製造商反應，這種傳動軸更容易放入車內。

Chapter 4

正在普及開來的混合動力車

1.有實力的製造商紛紛加入，市場繁榮

汽車將來會以燃料電池為動力，但人們並不認為因此就不必再混合動力車上投入力量，過去便一直主張如果柴油引擎的油耗能降低，便應該使用柴油引擎的製造商，現在也未忽視混合動力車，並已開始制定銷售計畫。混合動力是提高油耗性能的有效對策這一事實已經確定下來，於是作為汽車的動力單元，混合動力車正處於增加的趨勢上。而且由於原油高漲，中國、印度的汽車迅速普及開來等原因，節省油耗越來越成了時代的潮流，人們對於混合動力車的追求風潮比預期的更加強烈起來。

第一個將混合動力導入市場的是豐田，之後，豐田在追求系統效率和提高汽車性能方面也未鬆懈，在增加搭載使用合動力汽車車型的同時，豐田在技術上也為其他製造商產生了領導作用，本田則緊跟其後。

豐田從與卡羅拉同等大小的普銳斯(Prius)開開始做起，本田則從輕巧而緊湊的 INSIGHT 開始做起。它們的油耗都是每 30km 需要 1 升左右的油，競爭最省油的汽車競賽展開了。之後，混合動力被用到了用戶渴望能降低其油耗的重而大的 SUV 車上，並逐漸將混合動力系統用到有動力的汽車上。

在這些車型中，第一輛量產的混合動力車普銳斯(Prius)不僅是混合動力車，作為保護地球環境的汽車，混合動力車得到了樂活族人的支持，甚至成了今後汽車之理想狀態的標誌性存在。普銳斯既是進入大眾車範疇的

混合動力專用車，又是第一輛混合動力車，我想它一定得到了世界性的好評。

但是，混合動力車除了需要之前就一直存在的內燃機，還需要驅動馬達和作爲電源發揮作用的電池，以及爲了讓它們工作而不可或缺的控制單元。混合動力車的成本增加了，它的重量也會理所當然地增大。從重量上來說，混合動力車至少重了超過 70kg，如果是比較重視馬達性能的混合動力車，增重程度會達到 150kg。由於技術的進步等原因，人們有可能試著去減輕混合動力車的重量，但是人們沒有辦法使它的重量出現戲劇性的降低。

在此之前，引擎從 OHV 型變成 SOHC 型，現在，4 汽門 DOHC 逐漸成了主流，在過去，技術的進步過程中是一個結構變得繁瑣，零件數量增加的過程。但是，如果能做出最合適的設計，無用的部分將被摒棄，最終，引擎的進化將不會造成重量的增加。

混合動力系統得到了實際應用，作爲一種具有飛躍性的節油對策，在零件數量和重量上有相對應的增加是無奈的事情，我們也許可以這麼說。而且，經過改良馬達、電池等零件，今後，在提高其性能的同時，應該尚有餘地減輕其重量。在成本問題上也是如此。從電池角度來說，用在普銳斯上的鎳氫電池的成本，已經降到了 10 年前的幾百分之一的水準。這是它在量產汽車上得到了應用之後，人們努力改進技術，並提高生產效率等得到的成果。

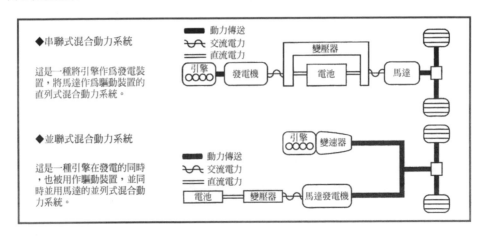

◆串聯式混合動力系統

這是一種將引擎作爲發電裝置，將馬達作爲驅動裝置的直列式混合動力系統。

動力傳送
交流電力
直流電力
變壓器
引擎　發電機　電池　馬達

◆並聯式混合動力系統

這是一種引擎在發電的同時，也被用作驅動裝置，並同時並用馬達的並列式混合動力系統。

動力傳送
交流電力
直流電力
引擎　變速器
電池　變壓器　馬達發電機

在同時使用引擎和馬達的混合動力系統中，將引擎用於發電，僅將馬達用於驅動的串聯式混合動力系統，必須搭載大容量的電池，因此，其應用實例很少，僅限於巴士等。而引擎和馬達都用於驅動的並聯式混合動力系統則在轎車、SUV上得到了大量應用。但是，仔細觀察起來，這兩種系統各有差異。

從大類上劃分的話，混合動力系統有馬達作為輔助驅動力，引擎作為主要驅動力的方式，以及引擎和馬達同時負責驅動的方式。前者是本田等製造商使用的系統，後者是豐田使用的系統，普銳斯所使用的便是其代表。

在輔助式混合動力系統中，引擎是驅動的主角，因此，混合動力系統可以相對應地縮小，這樣一來，增重程度會比較小。另一方面，在普銳斯等汽車使用的 THS(TOYATO HYBRID SYSTEM)式系統中，由於發電馬達和驅動馬達是分離開的等原因，零件數量也會增加，但是馬達的活躍範圍一旦擴大，便可使引擎在最有效的範圍內工作，因此，引擎便成了一個將追求油耗性能進行到底的動力單元。

不管是哪種方式，都可以透過怠速停止方式來節省油耗，如等紅綠燈的時候關閉引擎，這對提高廢氣排放性能也很有利。而且，如今的技術已經可以將減速時的能量回收，作為電力儲存起來，為降低油耗做一份貢獻。在城市街道上行駛時，如果怠速停止的次數很多，那麼降低油耗的比例就會增大，而透過回收減速時的能量來降低油耗的比例也不容忽視。因此，這兩個長處如能得到發揮，將成為混合動力系統的巨大優勢。

接下來，如何用引擎和馬達的組合構築系統便成了一個問題。

豐田的 THS 方式首先會使引擎總是在油耗較低的範圍內工作。然後用馬達補充因此而產生的動力不足，從而確保汽車的行駛性能。這種方式的混合動力系統已經被改良成了追求引擎效率的阿特金森循環引擎。這種做法是基於優先考慮降低油耗，然後再去保證汽車所需之行駛性能的想法而進行的。

可變汽門結構 VTEC 已經成了本田引擎的一個特徵，我們可以認為，本田的輔助式混合動力系統是位於 VTEC 的延長線上的。之所以這麼說，是因為搭載普通的引擎時，本田一般會使用直列 4 缸引擎，但在最早的喜美(CIVIC)混合動力系統上，本田使用的是 3 缸引擎。而馬達則去補充相當於 1 個汽缸的動力，從而使之與之前的引擎對應上。也就是說，本田想利用 VTEC 引擎追求從低負荷到高負荷的所有負荷情況下的效率，並在此基礎上添加上馬達的動力，以更細化地應對各種負荷情況。

◆豐田的 THS 式混合動力系統

◆本田的輔助式混合動力系統

　　豐田的混合動力系統雖然使用引擎，但在動力單元方面，已經從原來的模式中跳脫出來，在提高油耗性能的同時，豐田正欲將其作為一種新技術開闢一片新的天地。豐田的想法是混合動力系統取得進步，也關係到今後對燃料電池車的開發，引擎的進步也是如此。因此，其他製造商雖然稱燃料電池車為 FCV，但豐田稱之為 FCHV。豐田堅持燃料電池車也是混合動力車的觀點。

　　另一方面，本田則以徹底發揮出內燃機的優勢為前提，來使用混合動力系統。本田當然也追求系統的進步，但本田的狀態是要以汽油引擎本身的進步也中心謀求革新。因此，本田的混合動力系統比較緊湊。而且，本田在喜美(CIVIC)和雅哥(ACCORD)這兩款主要車型上已經採用了混合動力系統。這與豐田以普銳斯作為專用車型推出混合動力系統，之後又將其擴大到 SUV、小型廂式貨車上的做法有明顯的不同。

　　不管怎樣，今後混合動力車的定位就在豐田的想法和本田的做法之中，世界級的強大製造商想法各不相同。認為豐田的混合動力系統比較優秀的製造商，便會以某種形式採用豐田的技術來構築系統。

也就是說，這種方式是豐田的專利，由於這個原因，其他製造商將無法輕易超越豐田的技術，因此，考慮到開發所需的費用和時間問題，與豐田合作的做法會更經濟一些。當然，有的製造商應該並不是因為與豐田的想法產生了共鳴，才與豐田合作的，他們只是將採用這種方式作為一個選擇，然後再在此基礎上開發自己的技術。

2.豐田混合動力車事業的展開

追尋正常發展的普銳斯 THS-II

普銳斯誕生於 1997 年，2003 年，豐田對普銳斯進行車型更新，出現了第 2 代普銳斯。第 2 代普銳斯不僅在外形上有很大的變化，其混合動力系統也確實取得了進步，就像在證明第 1 代的系統方向是非常正確的一樣。它的系統單元基本沒有變化，仍然是引擎、馬達、電池、動力單元等，但各單元都有了性能上的提高。

由於豐田已經開始批量生產混合動力車，因此，作為汽車的零組件，馬達和電池技術確實取得了進步。要想將它們用在汽車上，就需要將它們設計得輕而緊湊，而且需要有性能上的提高。在更新車型之前，豐田便已經做到了這一點，在引擎和馬達的基本控制方式一電子控制方面，豐田也已開始累積資訊。

第 1 代普銳斯使用的馬達是 30kW 的，而對其進行改良時，將馬達的功率提升到了 33kW，到了車型更新的時候，普銳斯的動力已經得到了大幅提高，升至了 50kW。這是豐田對馬達的改良不僅限於馬達本身，更是導入了提高電壓之技術的結果。此外，電池的能量密度也得到了提升，雖然是性能相同的電池，但新開發的電池變得緊湊了，作為一個整體也實現了小型化，而且，由於生產效率的提高和生產工程的大幅改良，電池的可信度得到了提升。

順便一提，1500cc 排量的直列 4 缸阿特金森循環引擎在第 1 代普銳斯上的功率是 58ps，但在對其進行小幅改良時，其功率達到了 72ps，而在對其進行車型更新時，其功率已經提升到了 77ps。在對其進行小幅改良的時候，引擎的功率之所能夠得到相當大的提升，是因為豐田對其行駛性能上的不足進行了補充，但是在提升馬達性能方面，僅提升了 3kW。利用車型更新的機會，豐田完成了當時遺留下來的提升馬達性能的任務。

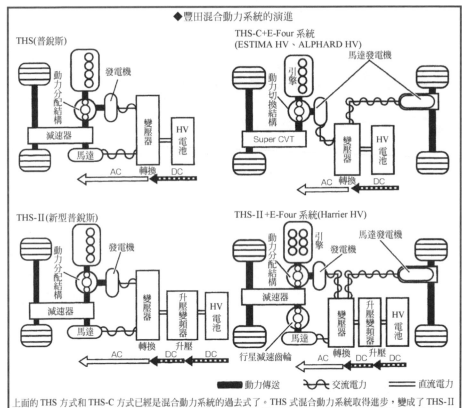

◆豐田混合動力系統的演進

上面的 THS 方式和 THS-C 方式已經是混合動力系統的過去式了。THS 式混合動力系統取得進步，變成了 THS-II，其系統上的區別在於，THS-II 上增加了升壓變頻器，這樣使馬達的功率得到了提升。利用馬達驅動後輪的 4WD 混合動力系統，最初與普銳斯的 THS 方式不同(右上)，它不是以動力分配裝置，而是以 CVT 作為變速器使用。與之不同的是，Harrier 等車型上採用的 THS-II +E-Four 系統為了將普銳斯方式的混合動力系統做成 4WD 方式，將馬達安裝在後輪上。

採用了 V 型 6 缸引擎的大功率 THS-II

在普銳斯式的混合動力系統中，採用了行星齒輪的動力分配機構作為變速器的作用，但是 V6 與此不同，使用了帶式 CVT 的混合動力系統被搭載在了 ESTIMA 和 ALPHARD 上。這種被稱為 THS-C 的系統，靠馬達驅動 4WD 的後輪，因此不需要傳動軸。

但是，這之後作爲混合動力車問世的 SUV 車 Harrier 和 Kluger 雖然同樣是 4WD，但採用的卻是與普銳斯相同的混合動力系統。豐田將自己的混合動力系統統一成了具有動力分配裝置的 THS 方式，這種動力分配裝置採用了行星齒輪。

而作爲 4WD 的混合動力系統，被人們稱爲大功率 THS-II 的大功率混合動力系統，和電動式 4WD 混合動力系統 E-Four 被結合並統一了起來。

與普銳斯的 THS-II 相比，大功率 THS-II 的引擎/馬達/發電機的功率均得到了提升。

◆豐田 Harrier 的
　混合動力系統

發動機

前馬達

後馬達

普銳斯的 THS 是 FF 方式的
，但是爲了將其做成 4WD
，THS 改由馬達驅動後輪
，於是便不需要傳動軸了。

功率控制單元

電池

大功率 THS-II 的引擎是 3.3 升的 V 型 6 缸 3MZ-FE，它之所以未使用普銳斯那樣的阿特金森循環引擎，是因爲它很重視輸出功率。阿特金森循環引擎在壓縮行程的初期，會將一部分氣推回進汽歧管內，熱效率很高，但是它的空氣吸入量會減少，因此，輸出功率便較小。大功率 THS-II 的最大輸出功率是 155kW(211ps)/5600rpm，最大扭矩是 288Nm/4400rpm，爲了用在大功率的 THS-II 上，豐田專門對其進行了調整，並將進汽系統設計得緊湊了。

而與普銳斯的 THS-II 相比，大功率 THS-II 的前馬達和發電機的功率，均得到了大幅提升。其前馬達的輸出功率爲 123kW，是 THS-II 的 2.4 倍，其發電機的輸出功率則是 THS-II 的 2.8 倍。而其引擎和前馬達的輸出功率比則是 56 比 44，與普銳斯 THS-II 的 53 比 47 相比，在輸出功率上的差別沒有那麼大了。此外，由於大功率 THS-II 是 4WD，因此，如果加上其後輪馬達的輸出功率，馬達的輸出功率便達到了 173kW，超過了引擎的輸出功率，引擎和馬達的輸出功率比便會發生逆轉，變成 47 比 53。

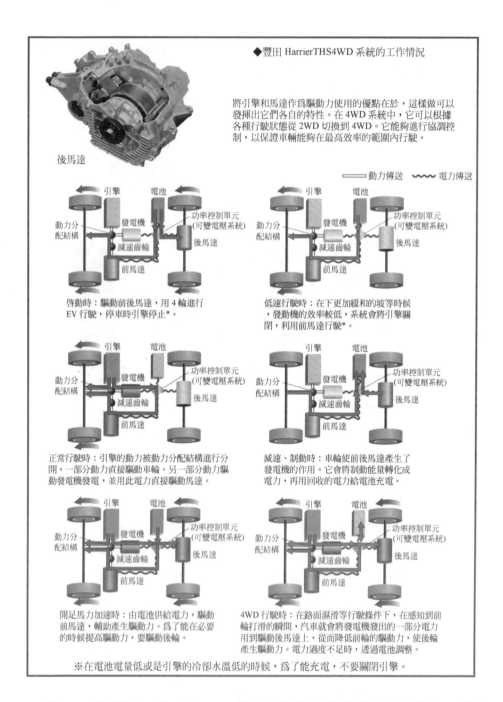

◆豐田 HarrierTHS4WD 系統的工作情況

將引擎和馬達作爲驅動力使用的優點在於,這樣做可以發揮出它們各自的特性。在 4WD 系統中,它可以根據各種行駛狀態從 2WD 切換到 4WD。它能夠進行協調控制,以保證車輛能夠在最高效率的範圍內行駛。

後馬達

▭ 動力傳送　〜 電力傳送

引擎　電池

動力分配結構

發電機

功率控制單元(可變電壓系統)

減速齒輪

前馬達

後馬達

啓動時:驅動前後馬達,用 4 輪進行 EV 行駛,停車時引擎停止*。

引擎　電池

動力分配結構

發電機

功率控制單元(可變電壓系統)

減速齒輪

前馬達

後馬達

低速行駛時:在下更加緩和的坡等時候,發動機的效率較低,系統會將引擎關閉,利用前馬達行駛*。

引擎　電池

動力分配結構

發電機

功率控制單元(可變電壓系統)

減速齒輪

前馬達

後馬達

正常行駛時:引擎的動力被動力分配結構進行分開,一部分動力直接驅動車輪。另一部分動力驅動發電機發電,並用此電力直接驅動馬達。

引擎　電池

動力分配結構

發電機

功率控制單元(可變電壓系統)

減速齒輪

前馬達

後馬達

減速、制動時:車輪使前後馬達產生了發電機的作用。它會將制動能量轉化成電力,再用回收的電力給電池充電。

引擎　電池

動力分配結構

發電機

功率控制單元(可變電壓系統)

減速齒輪

前馬達

後馬達

開足馬力加速時:由電池供給電力,驅動前馬達,輔助產生驅動力。爲了能在必要的時候提高驅動力,要驅動後輪。

引擎　電池

動力分配結構

發電機

功率控制單元(可變電壓系統)

減速齒輪

前馬達

後馬達

4WD 行駛時:在路面濕滑等行駛條件下,在感知到前輪打滑的瞬間,汽車就會將發電機發出的一部分電力用到驅動後馬達上,從而降低前輪的驅動力,使後輪產生驅動力。電力過度不足時,透過電池調整。

※在電池電量低或是引擎的冷卻水溫低的時候,爲了能充電,不要關閉引擎。

　　與 THS-II 相同,大功率 THS-II 的前馬達和發電機的功率提高,是透過提高電壓和轉數實現的。THS-II 透過提高電壓,增加了馬達的輸出功率，而且，其發電機則透過提高轉數和電壓提高了功率，但大功率 THS-II 是透過同時提高前馬達和發電機的電壓和轉數，來提高輸出功率的。不過，馬達的輸出功率雖然提高了，體積反而縮小了。

大功率 THS-II 的後輪驅動馬達與 THS-C 基本相同，但是其最大輸出功率提高了很多。當初，ESTIMA 借助提高電壓來提高最大輸出功率，其最大輸出功率為 18kW，而大功率 THS-II 的輸出功率達到了 50kW，而且，其最高轉數也從 6000rpm 提升到了 10700rpm。

混合動力系統使用的鎳氫電池，取得了進一步的發展。其電壓從 THS-II 時代的 268.8 伏提升到了 288 伏，而且，它採用了金屬製的盒子，這樣做不但使其冷卻性得到了提高，還使其實現了小型化。在 Harrier 上，變小了的電池被設置在了後排座椅(在 KLUGER 上，則是第 2 排座椅)下面，4 根座椅軌道之間，因此，它被分成 3 部分，塞入了座椅下面的空間內。3 部分電池分別都裝有冷卻扇，可均勻冷卻。冷卻空氣則從室內導入，然後被排放到室內和車外。

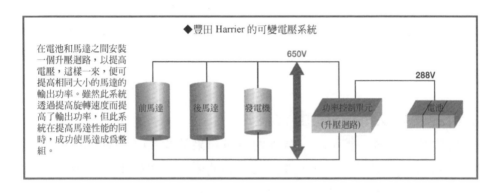

◆豐田 Harrier 的可變電壓系統

在電池和馬達之間安裝一個升壓迴路，以提高電壓，這樣一來，便可提高相同大小的馬達的輸出功率。雖然此系統透過提高旋轉速度而提高了輸出功率，但此系統在提高馬達性能的同時，成功使馬達成為整組。

650V

288V

前馬達　　後馬達　　發電機　　功率控制單元 (升壓迴路)　　電池

綜合控制這些的功率控制單元，由變壓器部分、升壓變頻器部分、DC-DC 變頻器部分構成。變壓器分為前後馬達用變壓器和發電機用變壓器。前後馬達用的發電機會將高電壓直流電轉換成交流電，供給給前後馬達，而且在再生煞車時，它會將前後馬達處發出來的交流電轉換成直流電，為混合動力系統使用的電池充電。引擎使用的變壓器會直接將交流電供給給前後的馬達，或是將其轉換成直流電，爲混合動力系統使用的電池充電。

混合動力車使用的控制單元縮小了。
而且是水冷式的。

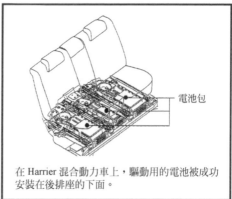

電池包

在 Harrier 混合動力車上，驅動用的電池被成功安裝在後排座的下面。

　　Harrier 的混合動力系統和 KLUGER 上搭載的混合動力系統，是以低油耗和高動力性能的並存爲目標開發的。這與豐田非常注重美國的銷售也有關係，在國內(譯者註：這裏指日本。)，用 3 升 V6 型引擎就能夠達到足夠的動力性能，但在美國，有些 SUV 上甚至搭載了 V8 型引擎，V8 型引擎能確保與之同等水準的動力性能，而且，正如您所瞭解的，其油耗僅相當於 2 升的引擎，相對於通用、福特的 SUV，它發揮出了很大的優勢。

▉ 新混合動力車的問世計畫

　　據估計，今後，豐田的混合動力車會越來越多。ESTIMA 作爲下一個車型，將借車型更新的時機，開始使用新的系統。這款車是 2005 年車展

上的展出車，它將不再使用在此之前一直使用的 THS-C 型系統，而是換成與 THS-II 相同的系統。這款 4WD 車的引擎是阿特金森循環的直列 4 缸引擎，後輪同樣由馬達驅動。其系統基本與 Harrier 和 KLUGER 相同，細部則設計成了適合 ESTIMA 的形式。

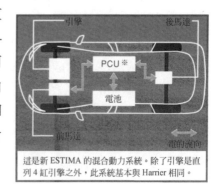

引擎　　　　　後馬達

PCU ※

電池

前馬達　　　　電的流向

這是新 ESTIMA 的混合動力系統。除了引擎是直列 4 缸引擎之外，此系統基本與 Harrier 相同。

另一個備受矚目的是凌志的 GS450h 上搭載的系統。高級品牌凌志也終於增加了混合動力車。這也是理所當然的，但這款車將是一輛 FR 車。

這款車預備搭載的引擎是直噴 3.5 升 V 型 6 缸引擎。除了 CELSIOR 等車上

凌志的最高檔車 GS450h 將於 2006 年發售，這款車上搭載了混合動力系統。這是豐田首次將混合動力系統搭載在 FR 車上。

搭載的 V 型 8 缸引擎之外，在豐田的引擎中，這款引擎便是性能最高的一款引擎，它於 2005 年問世。雖然這款引擎是要用在混合動力車上的，但它仍然能夠發揮出接近 300ps 的輸出功率，再加上馬達的話，會有很好的表現。

豐田的想法是，如果是靠引擎本身的性能說話的高性能車，即使它是混合動力車，也要使用運用了最高技術的引擎。

在系統方面，這款車將採用以高輸出功率 THS-II 為基礎的系統，上面搭載了 3.3 升 V 型 6 缸引擎，但這種系統是橫置的，因此要想將其用到 FR 車上，必須將其變更成縱置式。在這種情況下，它的動力分配結構等也被設計成了適合縱置引擎的樣式。

這樣一來，豐田便開始在 FF、4WD，以及 FR 等配置方式的汽車上採用混合動力系統。而且，網羅了從大眾車到高檔車的許多車型。

3.本田混合動力系統的進步

在北美很受歡迎的雅哥(ACCORD)混合動力車

繼豐田之後，本田開始銷售混合動力車，截止至 2005 年 4 月，本田的混合動力車累計銷售輛數已經超過了 10 萬輛。本田的狹山工廠每月生產 2000 輛銷向北美的新型混合動力車，並送往北美。它便是雅哥混合動力車。僅是從 2004 年末開始發售的雅哥混合動力車，累計銷售量便已超

這是雅哥混合動力車。它的外觀與普通的雅哥沒有區別。

一打開引擎蓋，V6型引擎便露了出來。144V的橙色電氣配線顯示了它的混合動力車身份。順便說一句，它的引擎蓋是鋁製的，打開它所需的力量很小。合葉是帶有油壓片的油壓式合葉。

過1萬幾千輛。雅哥混合動力車是一款在 V6 型 3 升引擎的基礎上，組合了 IMA(Integrated Motor Assist)系統的並聯式混合動力車，據說，它具有相當於喜美(CIVIC)的油耗性能和相當於雅哥 3.5 升的行駛性能。

本田的第 1 輛混合動力車是 1999 年 11 月問世的 INSIGHT，第 2 輛混合動力車是 2001 年 12 月問世的是喜美混合動力車。如果 INSIGHT 和喜美混合動力車是三級跳遠的單足跳和跨步跳的話，那麼雅哥混合動力車就是"雙腳跳階段出現了飛躍"的系統，它滿載高科技，充滿著魅力。

本田的第 1 輛混合動力車 INSIGHT 是面向個人用戶的，它將節省油耗的目標放在第一位。接下來問世的喜美混合動力車是一款大眾車型，它追求的是以儘量小的成本製造混合動力車，而雅哥混合動力車在 V6 引擎的基礎上，實現了油耗相當於喜美的目標。

這款車是北美規格的，因此，廠商公佈的油耗資料是城市行車油耗和高速公路行車油耗。前者是 29mpg，也就

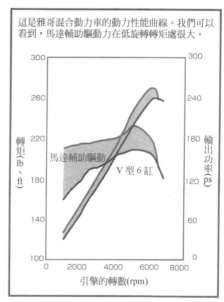
這是雅哥混合動力車的動力性能曲線。我們可以看到，馬達輔助驅動力在低旋轉轉矩處很大。

轉矩（lb、ft）
輸出功率（ps）
馬達輔助驅動
V 型 6 缸
引擎的轉數(rpm)

是說，1 加侖能行駛 29 英哩。如果將其換算成每升的行駛距離的話，便是 12.258km/升，而其高速公路行駛油耗是 37mpg，也就是 15.46km/升。

這幅圖顯示出了與普通的雅哥 V6 相比，混合動力雅哥在城市行駛模式和高速行駛模式下提高油耗性能的比例。據這幅圖顯示，在城市行駛模式下，怠速停止和 IMA 馬達的貢獻較大，在高速行駛模式下，氣缸熄火系統的貢獻程度迅速提升。

　　雅哥混合動力車與喜美混合動力車的結構基本相同，是喜美混合動力系統的進化版本。它在引擎和變速器之間配置了 IMA 馬達，而且，它將汽缸熄火型 V6 汽油引擎作為主動力，將 IMA 電力馬達作為輔助動力進行驅動，是一種高效率的混合動力系統。

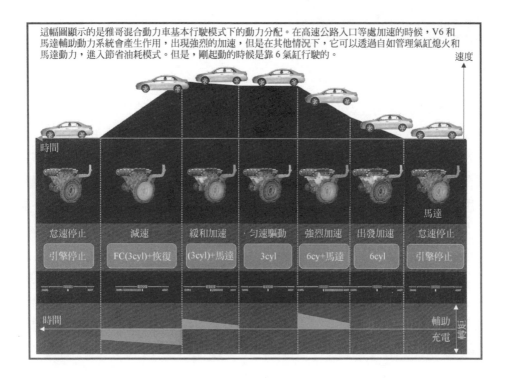

這幅圖顯示的是雅哥混合動力車基本行駛模式下的動力分配。在高速公路入口等處加速的時候，V6 和馬達輔助動力系統會產生作用，出現強烈的加速，但是在其他情況下，它可以透過自如管理氣缸熄火和馬達動力，進入節省油耗模式。但是，剛起動的時候是靠 6 氣缸行駛的。

直接連接在引擎曲軸上的 IMA 馬達，除了能夠作為驅動車輪的馬達發揮作用之外，還能在減速等時候，產生發電的作用，並同時具備起動馬達的作用，用來啟動引擎。

　　它的系統是由 DC144V 的 IMA 電池、交流同步式的 IMA 馬達、以及它們的控制裝置和輔機類構成。本田將這些構成零件縮小，並在確保車室空間和後廂空間的同時，將直流高電壓迴路集中安裝到後排座位後部的 IPU(Intelligent Power Unit)內，提高了電氣的安全性。

這是 IMA 馬達。它安裝在 V6 型引擎和 5 檔 AT 之間。

據說本田將雅哥的旋轉感測器從磁力 PICK-UP 式改裝成了 Resolver 式，使其效率得到了提高。圖片中手指指的是新型的磁鐵。

　　雅哥混合動力車不但具備之前的混合動力車所具備的怠速停止功能、輔助功能、再生功能，還採用了 DBM，也就是線控煞車系統，導入了與汽缸熄火系統非常協調的扭矩管理型控制系統，以提高油耗性能。而且，為了使它的性能接近高於 V6 型 3 升車的 V6 型 3.5 升車的性能，本田正在考慮提高 IMA 馬達和高壓電裝零件的功率輸出。本田不僅希望透過採用汽缸熄火系統(6 缸 ↔ 3 缸)輔助從前的引擎扭矩，而且為了擴大汽缸熄火的領域，本田還在此車上使用了馬達輔助系統，從而降低燃料的消耗率。

　　從有效活用電力的觀點出發，此車還採用了能夠進一步降低油耗的車輛行駛模式。過去，在緩和加速時，汽車會將汽缸熄火模式從 3 缸恢復到 6 缸，但是此車為了擴大汽缸熄火系統的工作頻率，在緩和加速時，也會借助電力，用馬達進行輔助。這樣一來，就可以長時間維持在 3 缸熄火狀態，也就能夠節省油耗了。而且，在減速時，它會監視煞車的壓力，增大馬達的再生能力，並採用汽缸熄火模式，以增加再生能量。

引擎和馬達產生的扭矩，則根據曲軸的目標扭矩和能量管理，決定如何分配。而且，在加速器踏板開度較低的時候，切斷燃料，僅靠馬達的扭矩驅動車輛的做法，對節省油耗做出了貢獻。

在喜美混合動力車上，IMA 馬達是 SPM 式的，但雅哥使用的已經是 IPM(Intelligent Power Module)方式的了。本田重新審視永久磁鐵的配置，透過提高藏在轉子內的稀土類磁鐵的耐熱性，將最大能量負荷提高了約 15%。喜美混合動力車的旋轉感測器是 PICK-UP 式的，但是本田用一種的 NC 機床等將其改裝成了普通型感測器，這種感測器被稱為 Resolver 式旋轉感測器，這一改良提高了的旋轉位置的傳感精度。

因此，想比喜美混合動力車，雅哥混合動力車的最大扭矩提高了 26%，最大驅動功率提高了 20%，驅動效率整體提高了 1~3%。

本田還試圖將高電壓單元 IPU 的體積縮小。據說，他首先透過縮小 IGBT 變壓器的基片，將薄膜電容器內置，以及進一步減少零組件數量等方式，將其體積縮小了約 50%。喜美混合動力車上也使用了的 IGBT 變壓器，縮小其基片能夠降低損耗。其次，他將 DC-DC 變頻器的控制方式從類比式變更成了數位式，這不但將輸出電流提高了 60%，還將其體積縮小了 17%。

與喜美混合動力車相同，雅哥混合動力車的 IPU 冷卻系統也安裝在後廂內，它透過設置在車室內後玻璃板的進汽口吸入冷卻風，來冷卻 IPU 內的高壓電池和高壓裝置。其冷卻方式採用的是將一部分排氣從後排氣口排出車外。據說這樣一來，在高溫下放置後開啟的時候，可將冷卻風的溫度降低 10℃。

與喜美混合動力車相同，雅哥混合動力車採用的也是鎳氫電池。INSIGHT 和喜美混合動力車使用的是松下生產的電池，但雅哥使用的電池是三洋生產的，本田是從三洋買來 12 個元件，再在狹山工廠裝配，將它們組裝到自己的電池盒內。

內藏了變壓器和變頻器等的高電壓單元 IPU 不僅提高了冷卻性，還縮小了體積。

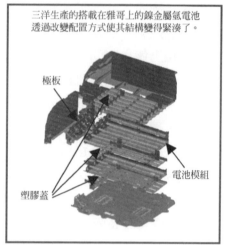

三洋生產的搭載在雅哥上的鎳金屬氫電池透過改變配置方式使其結構變得緊湊了。

極板

電池模組

塑膠蓋

　　為了提高其必要的再生功率和輔機輸出功率，以適用於雅哥混合動力車，本田對這種鎳金屬氫電池也進行了改良。其具體做法是增加焊接處，使集電盤的電流密度平均化，本田的這種改良將其內部阻力降低了約39%。過去，電池盒是由大型成形樹脂構成的，本田則將其改良成了組裝式，並重新配置構成零件，結果將其體積縮小了10%左右。但是其缺點在於空氣溫度達到65℃，其壽命就會縮短等，所以為了確保空氣溫度低於此限，須維持其冷卻性。電池的保修期為 10 年，但是據說，如果使用方法得當，其壽命應該會更長。

　　此外，雅哥混合動力車與其他普通車相同，其引擎室內也搭載了鉛電池，這是因為在低溫性能方面，它必須借助鉛電池的力量。

　　由馬達和引擎組合而成的動力系統的最大輸出功率為 255ps(190kW)。其扭矩特性是能靠馬達在低速域產生高扭矩，並產生積極作用，與普通雅哥相比，雅哥混合動力能在低速域獲得高扭矩。

這款車的表顯示的是英哩。其下面有一個能夠即時瞭解馬達的輔機和電池的充電情況的表。在引擎旋轉指針的下面，有一個可以提醒怠速停止情況的 AUTO STOP 標誌。

這款雅哥混合動力車的 NV(噪音和振動)對策也非常周到。

這款車的 V6 的汽缸熄火引擎組裝了引擎主動隔振系統(ACM)，INSPIRE 和 ELYSION 也使用了這種系統。這款車將作動器安裝在引擎內部，引擎的振動和逆相位的振動是由系統本身產生的，因而降低了傳送到車身上的振動。在雅哥混合動力車上，汽缸熄火時，振動會大幅增加，所以與從前的 ACM 相比，這款車增大了電磁部位的磁力迴路，以獲得高輸出功率(12→24V)，從而將降低振動水準提高了約 10dB，為降低汽缸熄火時的噪音和振動做出了貢獻。特別是引擎轉數在 1500rpm 左右的時候，效果非常好。

為了提升油耗性能，本田在車體上也做了文章，將後轉向節臂、引擎蓋的蓋子、前面的緩衝樑、後面的緩衝樑的質地都換成了鋁材料，以減輕重量，並透過將進汽歧管和汽門室蓋的質地換成鋁材料，從而將車身重量減輕了約 20kg。而且，車身整體輕了約 80kg。順便一提，本田的里程(LEGEND)也已經採用了鎂制的進汽歧管，但是里程上的進氣歧管厚度為 2.5mm，為了使其厚度變薄，本田將此款雅哥混合動力車上的進汽歧管設計成了 2 分式。

在保養這款車的時候，一定要"拆下後座，將高壓電池的隔離開關切斷"，喜美混合動力車也是如此。實際上，將 IG 關閉就可以了，但為了雙保險，這一點也是應該遵守的。

■■ 進化了的新喜美混合動力車

可以說新喜美混合動力車的技術比雅哥混合動力車更上了一層樓。

這款車的主動力系統為 4 缸 1 凸輪 2 汽門的 i-VTEC 的 VCM(可變汽缸管理系統)引擎，輔助動力為馬達，是所謂的並聯式混合動力車。

這款車的主動力為引擎，其每個汽缸都有 5 個汽門搖臂，而且搖臂軸內有 3 個油壓迴路。它透過周密地控制油壓迴路，能夠根據行駛情況以 3 種模式切換汽門，從而同時保證了良好的行駛性能和低油耗。也就是說，利用 3 個系統的油壓控制 5 個搖臂的連接或切斷，透過電腦周密地控制這個過程，根據行駛情況分 3 種模式控制汽門。

所謂 3 個模式，除了"普通情況下的汽門工作模式"，還有"透過切換進汽一側使用高角度凸輪軸的模式"、"透過關閉汽門使汽缸全部熄火的模式"這 3 個模式。需要大功率輸出的時候用高角度凸輪軸，低速巡航或減速等不需要力量的時候，則使汽缸熄火，以降低油耗。減速時，則將 4 個汽缸的所有燃燒全部熄火，將汽缸內部封閉，從而降低了伴隨著進排氣產生的泵送損耗，而且與現在的喜美混合動力車相比，其減速能量再生量提高了約 10%。

這是在 3-stage i-VTEC 上組合了 IMA 的新喜美。所謂 3-stage，是指汽門的控制有低轉速、高轉速、汽缸熄火 3 種。10-15 模式下，油耗為 31km/L。

這是喜美混合動力車的 4 缸 1300cc 引擎。其進汽歧管是樹脂材料製作的。飛度的進汽歧管位於上部，但此引擎的進汽歧管位於水箱的後面。而且此引擎的油底殼是鋁製的。

上面是數位式速度表，下面是類比式轉速表的萬用表。轉速表旁邊帶有一個顯示充電情況和輔助情況的顯示幕。

以上引擎管理被稱為 VCM "可變汽缸管理"。順便一提，這款喜美混合動力車的 4 缸 VCM 的轉數為 2200rpm，與常用引擎的轉數基本相同，與之前的 4 缸引擎相比，透過汽門休止減少了約 66% 的泵送損耗。

而且，本田在減低引擎本身各部分之間的摩擦上也下了很多功夫。

具體做法是細緻地給凸輪軸頸塗上圖層，進行鏡面加工，以降低摩擦，並使用摩擦小的省油型機油，或是對汽缸側面進行特殊處理，這種處理被稱為精密搪缸研磨，使用低磨擦係數處理的離子板和活塞環，並進一步縮小驅動輔機類的皮帶張力等等，從而細緻地將負荷在引擎上的摩擦阻力降低。

這款引擎的汽缸蓋使用的是鎂材料，其成本是鋁製汽缸蓋的 2 倍，但其重量減輕了 20%。連桿的功率也比之前的引擎連桿高，因此其材料也換成了高強度的材料，以應對爆發力。其活塞是用高壓鑄造的，這對本田來說還是初次嘗試。據說，這種高壓鑄造能使其中的組織更加均一，所以它的強度是利用之前的鑄造方法製作出的活塞的 1.2～1.4 倍。

新喜美搭載的引擎與飛度基本相同(在細微之處有一些不同，如其汽門室蓋是鎂材料的，其進排汽門的直徑增大了一成，對搖臂進行了氮化處理等)，是 1300cc 的 1 凸輪 2 氣門的雙火星塞引擎，變速器是 CVT。引擎和變速器之間安裝了作為輔助動力的 DC 無刷馬達。

我們再來關注一下設置在後排座椅背後的 IPU(Intelligent Power Module) 的高效率化。即鎳氫電池、變壓器、DC-DC 變頻器，以及進汽彎管單元。

松下電池生產的電池比本田使用的電池內部阻力小，而且松下重新設計了集電部的形狀，採用了低阻力的電解液等，從而使輸出功率的密度提高了 25%,而且，其電池模組的配置也從之前的格子排列方式變成了千鳥排列方式，並將冷卻方式換成了沒有隔板的冷卻方式，從而使電池的整體容積比從前緊湊了 12%。

這是燃燒室附近的切割斷面圖。其結構為 1 凸輪 2 氣門。為了增強其吸氣效率，這款引擎將直徑從原來的 32φ 擴大到了 35φ。

這款車採用的變速器是 CVT。為了追求輕巧、緊湊、高效率，本田對其進行了一些細微的改造。如重新設計機油流，降低攪拌阻力，協調控制空調、馬達、電池、變壓器、變頻器等。

本田透過採用高電流密度的功率單元和薄膜電容器，成功將高電壓單元之一的變壓器的最大電流增加了 6%，將容積降低了一半，並將重量減輕了 25%。對於 DC-DC 變頻器，本田也借助數位控制方式減少了基盤的零件數量，並將交換頻率提高，對頻率切換進行控制，以使其適應輸出功率，從而將輸出功率提高了 25%，將容積降低到了相同變頻器的一半，而且其重量也降低了 1/2，降幅很高。

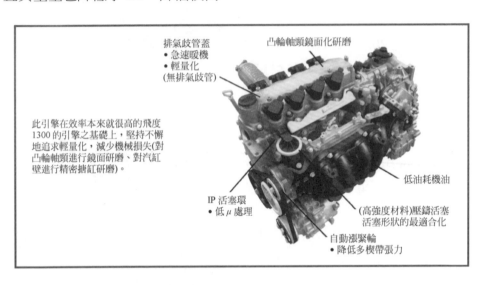

排氣歧管蓋
• 急速暖機
• 輕量化
(無排氣歧管)

凸輪軸頸鏡面化研磨

此引擎在效率本來就很高的飛度1300 的引擎之基礎上，堅持不懈地追求輕量化，減少機械損失(對凸輪軸頸進行鏡面研磨、對汽缸壁進行精密搪缸研磨)。

低油耗機油

IP 活塞環
• 低 μ 處理

(高強度材料)壓鑄活塞活塞形狀的最適合化

自動漲緊輪
• 降低多楔帶張力

這是作為輔助動力的薄型無刷馬達。從前，磁鐵是貼在滾輪表面的，此馬達將磁鐵插入層疊的矽鋼板中，並將卷線從圓形斷面改成了平角斷面，此馬達透過這些方法實現了高密度化。據說，與從前的喜美混合動力車的馬達相比，其輸出功率提高了 50％，扭矩最大提高了 110%。

IPU 整體的空間容積縮小了 13%，重量依然是 55kg。

安裝在引擎與變速器(這裏指 CVT)之間的 DC 無刷馬達也進化了。DC 無刷馬達從原來的 SPM(表面式永磁體)滾輪方式，進化成了 IPM(智慧功率模組)滾輪方式，這是它的一個進化點。而馬達的卷線則從圓形斷面變成了方形斷面，從而使其密度增強了，而且馬達上還採用了高性能的磁鐵，從而使扭矩增大了 14%，功率增大了 15%，實現了高性能化。

而且，本田新開發出了具備皮帶驅動和電動混合動力驅動兩種驅動模式的空調壓縮機。據說，這樣一來，即使是在怠

速停止的時候，也能夠使用空調，而且到了盛夏，可以用兩種驅動力同時
驅動壓縮機，所以空調的性能得到了進一步的提高。

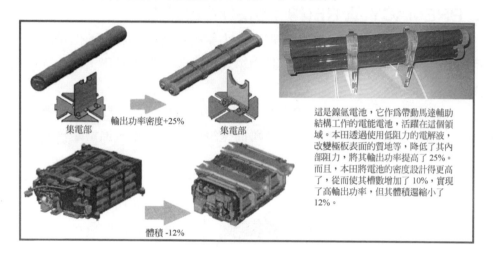

輸出功率密度+25%

集電部　　　　　　　　　　　　集電部

體積 -12%

這是鎳氫電池，它作為帶動馬達輔助
結構工作的電能電池，活躍在這個領
域。本田透過使用低阻力的電解液，
改變極板表面的質地等，降低了其內
部阻力，將其輸出功率提高了 25%。
而且，本田將電池的密度設計得更高
了，從而使其槽數增加了 10%，實現
了高輸出功率，但其體積還縮小了
12%。

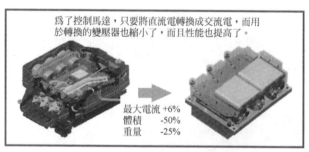

為了控制馬達，只要將直流電轉換成交流電，而用
於轉換的變壓器也縮小了，而且性能也提高了。

最大電流 +6%
體積　　 -50%
重量　　 -25%

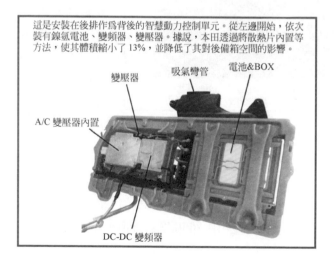

這是安裝在後排作為背後的智慧動力控制單元。從左邊開始，依次
裝有鎳氫電池、變頻器、變壓器。據說，本田透過將散熱片內置等
方法，使其體積縮小了 13%，並降低了其對後備箱空間的影響。

變壓器

吸氣彎管

電池&BOX

A/C 變壓器內置

DC-DC 變頻器

4.馬自達的混合動力車

PREMACY 氫 RE(轉子引擎)混合動力

福特旗下的馬自達的實用型混合動力系統與福特的相同。但是另一方面，馬自達一直在以自己的獨特動力單元—轉子引擎為基礎，自行進行混合動力系統的開發。

在東京車展上，搭載在 PREMACY 上展出的是採用了雙燃料氫轉子引擎的混合動力車。這種氫轉子引擎雖尚未得到實際應用，但這是轉子引擎追求新的可能性產生的產品。

◆與轉子引擎結合了的 PREMACY 混合動力車

在 RX-8 儀表板的右下方，有一個轉子引擎的標誌——呈轉子形狀的燈，用氫氣行駛的時候，它會變成藍色。

我們首先來看看這個引擎吧。從 1991 年到現在，馬自達一直在開發以氫為燃料的轉子引擎。2003 年，隨著馬自達 RX-8 車型的問世了，馬自達在隨之更新的轉子引擎 RENESIS 的基礎上，現在開始努力開發能夠同時使用汽油的氫轉子引擎。現在，能夠供給氫氣的氫氣站非常有限，如不更換成汽油，便不具現實性。因此，它必須背負上搭載氫氣瓶和汽油油箱兩者的障礙，但是這樣做彌補了轉子引擎的缺陷，能將其特性發揮出來。

這款引擎雖然搭載在 RX-8 上，一直在進行試行駛，但是與 2003 年發佈的時候相比，它得到了進一步的發展，即在以氫為燃料行駛的時候，如果氫氣用完了，這款引擎可以自動開始供給汽油。而且，在沒有氫氣供給站的地域行駛的時候，只要用一個開關，便可將燃料從氫氣切換到汽油。

這個切換開發位於駕駛座的右下方，在使用氫氣的時候，轉子形狀的藍色指示燈是點亮的。

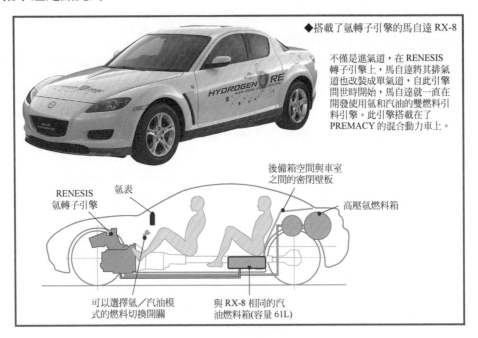

◆搭載了氫轉子引擎的馬自達 RX-8

不僅是進氣道，在 RENESIS 轉子引擎上，馬自達將其排氣道也改裝成單氣道，自此引擎問世時開始，馬自達就一直在開發使用氫和汽油的雙燃料引擎。此引擎搭載在了 PREMACY 的混合動力車上。

RENESIS 氫轉子引擎

氫表

後備箱空間與車室之間的密閉壁板

高壓氫燃料箱

可以選擇氫／汽油模式的燃料切換開關

與 RX-8 相同的汽油燃料箱(容量 61L)

　　轉子引擎可以直接向進汽室噴射氫氣，所以與燃燒室總是處於高溫狀態下的往復式引擎不同，這種引擎不會出現剛供給上氫氣就著火的現象。這是因為其進汽室與燃燒室是分開的，總是處於低溫狀態。

◆車展上展出的 RENESIS 轉子引擎

　　噴射氫氣的噴射器必須是嚴格密封的，所以此噴射器是用橡膠密封的，但如果是往復式引擎，在高溫的汽缸蓋上是無法安裝噴射器的，因此，很難將其改裝成直噴引擎。在這一點上，轉子引擎是有優勢的。氫氣的能量密度降低，所以噴射的時候，用的是 2 根噴射器，而且其噴射器結合了直接噴射和進汽管噴射。馬自達在這裏安裝了 EGR，從而降低了 NO_X 的排量，最佳化其廢氣排放性能。

2004 年 10 月，經國土交通省大臣批准，此車開始在公路上進行行駛測試，爲了使其得到實際應用，馬自達計畫開始商業租賃。測試車是 AT 模式的，這輛車利用氫氣持續行駛的距離延長到了 100km。順便一提，使用氫氣時，引擎的輸出功率是 80kW(109ps)，使用汽油的時候，其輸出功率是 154kW(210ps)。

PREMACY 氫氣 RE 混合動力車上便搭載了這種雙燃料轉子引擎。PREMACY 採用的是 FF 方式，而轉子引擎也重新設計成了能夠用於 FF 車的形式，與混合動力單元一起橫置在搭載在車上。

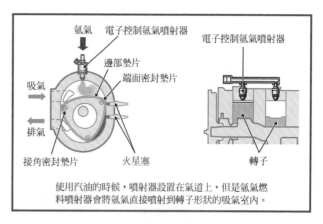

氫氣　電子控制氫氣噴射器　　電子控制氫氣噴射器

吸氣　　　　邊部墊片　　端面密封墊片

排氣

接角密封墊片　　火星塞　　　　轉子

使用汽油的時候，噴射器設置在氣道上，但是氫氣燃料噴射器會將氫氣直接噴射到轉子形狀的吸氣室內。

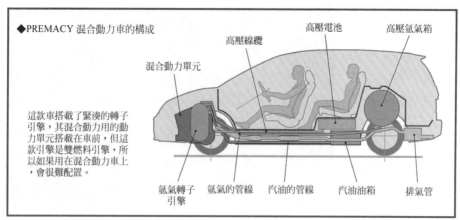

◆PREMACY 混合動力車的構成

　　　　　　　　　　　高壓線纜　　高壓電池　　高壓氫氣箱

混合動力單元

這款車搭載了緊湊的轉子引擎，其混合動力用的動力單元搭載在車前，但這款引擎是雙燃料引擎，所以如果用在混合動力車上，會很難配置。

氫氣轉子　氫氣的管線　汽油的管線　汽油油箱　排氣管
引擎

轉子引擎非常緊湊，如發揮出它的這個特性，引擎室內也能容納混合動力單元，但是在搭載汽油油箱和氫氣瓶的基礎上，車上還要搭載鎳氫電池。因此，馬自達將第二排座位的高度增高，將高壓電池安裝在了汽油油箱的上方，並在第三排座處安裝高壓氫氣箱。

這是搭載在後備箱的高壓氫氣燃料箱。

這款車是雙燃料系統的，所以其動力單元所佔的空間肯定比較大。

這款車上的 30kW 交流同步馬達，輔助引擎驅動的作用，而且它還能夠回收煞車元件的減速能量，所以它也是一個發電機。在等待紅綠燈等停止行駛時刻，其結構為怠速停止結構，從而提高了其油耗性能。

概念車 "先驅" ─轉子引擎混合動力車

馬自達在 2005 年的車展上展出的概念車可以說令人驚歎，作為一款近未來跑車，它採用的是組合了轉子引擎的混合動力系統，由於這款車是 2+2 座的 4 座跑車，所以它不是 RX-7 系列，而是 RX-8 系列的先驅車。它是馬自達追求 4 座轉子引擎跑車的產物。馬自達在這輛車上做了許多新的嘗試，如切削的鋁材料車身融合了舒展和緊湊感，顯得敏捷而柔和，寬大的輪距、縮短了的前後懸、電動式大開口的滑動門、2 層式電動後門。這款車的外形追求的就是朝氣蓬勃、先進、緊湊。

轉子引擎這種動力單元是其他製造商所沒有的，馬自達想將它的外形與這種獨特的結構重疊起來。馬自達想強調轉自引擎是很先進的，這種心情也表現在了設計上。

PREMACY 混合動力車使用的也是轉子引擎，這款車是以氫氣轉子引擎為基礎，以實用化為目標的，但相對於此，以上這款概念車的引擎是使用汽油的直噴轉子引擎。雖說是直噴引擎，但這種引擎是將燃料噴射到轉子的進汽室，與向燃燒室噴射燃料的往復式引擎有所不同。氫氣轉子引擎雖然也是將燃料噴射到進汽室裏的，但氫氣比較易燃，要想讓汽油燃燒起來，還需要一定的時間，所以這應該是一項比 PREMACY 混合動力車還先進的技術。

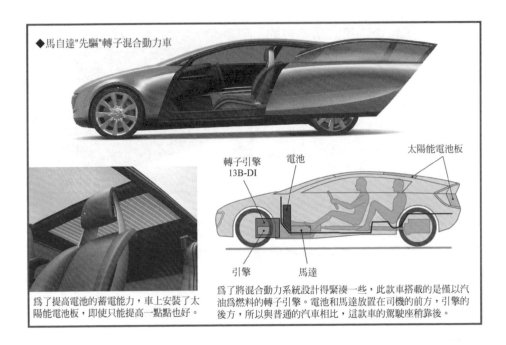

◆馬自達"先驅"轉子混合動力車

太陽能電池板

轉子引擎
13B-DI

電池

引擎

馬達

為了提高電池的蓄電能力，車上安裝了太陽能電池板，即使只能提高一點點也好。

為了將混合動力系統設計得緊湊一些，此款車搭載的是僅以汽油為燃料的轉子引擎。電池和馬達放置在司機的前方，引擎的後方，所以與普通的汽車相比，這款車的駕駛座稍靠後。

　　但是，轉子引擎的結構很緊湊，如發揮出它的這種特性，不僅是引擎，就連馬達和混合動力使用的動力單元也能全部搭載到前面。而且，跑車的引擎放置在前輪靠後的位置上，這是跑車的一種優勢。此外，用來驅動車輛的電池時很難搭載在混合動力系統的汽車上的，但是此款車將電池完美地配置在了引擎室與車室之間的隔板部分。

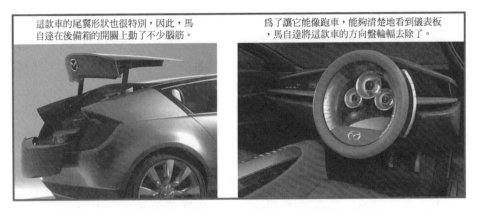

這款車的尾翼形狀也很特別，因此，馬自達在後備箱的開關上動了不少腦筋。

為了讓它能像跑車，能夠清楚地看到儀表板，馬自達將這款車的方向盤輪輻去除了。

　　為了能夠享受到其動感的駕駛性，這款車將駕駛座設置在了輪距的中心附近，馬自達認為追求行駛性能是馬自達的特色，而這一做法正實現了馬自達的這一追求。

　　混合動力系統使用的引擎多是阿特金森循環系統，因此，引擎的優良效率是條件之一。燃燒室的形狀不太好，從這一點上來說，我們很難說轉子引擎具有有利條件。但是馬自達為了克服這一缺點，進行了許多研究，如果能讓這款車發揮出輕量緊湊的特點，也許"先驅"這款概念車就能復活。

▖ TRIBUTE 混合動力車

　　馬自達的這款混合動力車在系統上非常完備，可以說是福特的ESCAPE 的馬自達版，是一款穩紮穩打的混合動力車。

　　馬自達將自己開發的 2.3 升的直列 4 缸改裝成阿特金森循環，用在了這款混合動力車上。過去，馬自達雖然也使用過相同膨脹比的引擎，但那個時候，那個引擎被稱為米勒循環引擎。馬自達與豐田一樣，將用在混合動力車上的引擎稱為阿特金森循環引擎。這兩種引擎的系統是相同的，採用了過給器的被稱為米勒循環引擎，採用自然進汽方式的被稱為阿特金森循環引擎，這兩種引擎的區別就在於此。但不管怎樣，為了降低油耗，製造商會將引擎設計成效率優先的樣式，即使輸出功率性能較差也要如此，以突出混合動力系統的優勢。這款車的最大輸出功率是 99kW(133ps)。

　　但這款車是 SUV，汽車重量較大，需要一定的動力，因此這款車上搭載的是能輸出 70kW 功率的高功率交流同步馬達。因此，馬達也多承擔了一些作為驅動力的責任。從啟動到低速行駛的時候，由馬達負責驅動汽車，在 40mk/h 以下的速度下，僅用馬達驅動便可保證汽車的行駛。當然，在這個過程中，如果電池需要充電了，或者由於加速等，需要更多的動力的時候，引擎也會啟動起來。

　　這款車的行駛模式有兩種，一種是馬達獨自驅動汽車行駛的模式，一種是馬達和引擎同時驅動汽車行駛的模式，這款車上未設計僅用引擎行駛的模式。這款車帶有怠速行駛功能，減速的時候，用於驅動的馬達會發揮發電機的作用，回收能量。

◆TRIBUTE 混合動力車

這款車上另外還有一個用來發電的馬達，在引擎啟動的時候，它會作爲起動馬達發揮作用。

有的時候，這款車還會根據行駛狀況，利用來自引擎的動力發電，並直接給用於驅動汽車的馬達供電，或是給電池充電。用於驅動汽車的馬達和用於發電的馬達都搭載在引擎的旁邊，變壓器等混合動力車使用的單元也都配置在這裏。

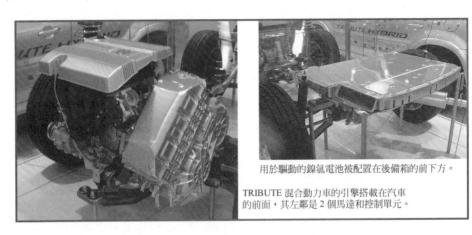

用於驅動的鎳氫電池被配置在後備箱的前下方。

TRIBUTE 混合動力車的引擎搭載在汽車的前面，其左鄰是 2 個馬達和控制單元。

雖然是 4WD，但是與豐田的混合動力系統車不同，這款車採用的是透過傳動軸將驅動力傳送到後面的差速器上的方式。

這款車上使用的爲強大的馬達供電的電池，是三洋生產的鎳氫電池，它是平鋪在後廂內靠前的位置上的。它有電壓爲 330 伏，是有一定的重量的。

阿特金森循環 MAR2.3 升引擎和 70kW 的馬達，讓 TRIBUTE 擁有與 3 升 V 型 6 缸引擎相似的動力，但是與汽油引擎的車輛相比，TRIBUTE

在高速公路上行駛時能節省 32%的油耗，在街道上行駛時能節省 70%的油耗。在廢氣排放方面，它排出的有害物質也大大減少了。加利福尼亞的廢氣排放規定是在全美是最嚴格，而這款車是符合加利福尼亞的 AT-PZEV 標準的。所謂符合 AT-PZEV 標準，就意味著它已經被認定爲是綠色汽車，其廢氣排放情況與零污染的電動車基本相同。

5.預計在 2007 年銷售的速霸陸混合動力車

速霸陸也正在開發混合動力車。

2005 年 8 月，速霸陸宣佈將於 2007 年發售以 LEGACY 爲基礎的混合動力車。而且但書上說明了是 "限量發售"。

◆速霸陸 B5-TPH 混合動力車

在 2005 年的東京車展上，速霸陸展出了 B5-TPH，它是酷越了運動型轎車和 SUV 的跑車特例。這款車的動力單元是速霸陸的混合動力系統，這也意味著酷越。

這是速霸陸的第一輛混合動力車，這輛 LEGACY 混合動力車的結構是 "在引擎和 AT 之間，加入一個超薄型、最大驅動扭矩能達到 10kW 的馬達發電機。" 這款車可以利用米勒循環的水平對向渦輪增壓引擎和馬達的組合，可以讓渦輪增壓過給域—中速以上的動力性能與原來一樣強勁，同時 ，在引擎的低轉速域，利用馬達輔助行駛，從而將 LEGACY 打造成了一個 "在全域都擁有很好的加速性能和油耗性能" 的車。

速霸陸的混合動力系統這樣的，讓馬達主要負責輔助 2000~3000rpm 範圍，超過這個範圍，則由帶有渦輪增壓的水平對向引擎負責。

也就是說，停車的時候採用怠速停止，啟動的時候僅靠引擎，加速的時候則靠引擎+馬達。巡航的時候，這款車僅靠引擎驅動，減速的時候，馬

這是定於 2007 年限量發售的 LEGACY 的渦輪混合動力系統的動力單元全景。據說它追加的單元不超過 100kg。

這是夾在引擎和變速器之間的超薄型馬達發電機。發電機的定子外徑為 320mm，寬為 58mm，最大驅動功率為 10kW，最大發電能力為 8.5W，最大驅動扭矩為 150Nm。

達將作為發電機發揮作用，使能量再生。而且，在緩慢行駛時，汽車將根據電池(錳鋰離子電池)的充電情況(根據電流的 IN/OUT 判斷)或運轉引擎，或充電。

據說，本田的引擎是自己開發的，但速霸陸的引擎是與引擎專業製造商共同開發的。被夾在引擎與變速器之間的三明治狀的馬達，寬度為 58mm，非常薄，這讓它備受矚目。雅哥混合動力車的馬達寬度為 68mm，2005年秋季問世的喜美混合動力車的馬達寬度為 63.5mm，因此，在這方面，速霸陸的動力單元是比較緊湊的。

混合動力車的技術要點在於控制引擎和馬達。據說，為了能讓這款車無間斷感地流暢行駛，速霸陸用 CAN 通信將它們各自的電腦聯繫起來，進行控制。以此為提高車輛的行駛性能和油耗性能。

據說，為了能在汽車停止時實現怠速停止，速霸陸計畫採用電動式的空調壓縮機。再次啟動的時候，用馬達作為驅動力，但他們現在正在研究如何釋放這個時候出現的衝擊。據說，要想控制扭矩，就必須用電腦控制，或是安裝減震器。

這裏需要注意的問題點是這樣會比普通車增重多少。也就是馬達、電池、變壓器變頻器等的總重量。普銳斯由於安裝了大容量的馬達和電池，所以馬達會在所有速度域均輔助行駛，這樣便增加了油耗，但速霸陸僅在低速域用馬達輔助行駛，所以這樣雖然只能節省 30%的油耗，卻可努力將重量的增加控制在 100kg 之內，相比普銳斯超過 150kg 的增重，要好很多。

預定於 2007 年發售的渦輪混合動力車的 DC-DC 變頻器和變壓器，如今是安裝在引擎室內的，但我們可以想像得到，將來，它也會像雅哥混合動力車和喜美混合動力車一樣，移動到車室內。

這是鋰離子電容器的包裝。右邊的上限電壓爲 365V、20F、250WH，重量爲 30kg，最大輸出功率爲 120ps，槽數爲 96，是混合動力&燃料電池車使用的電容器之一。

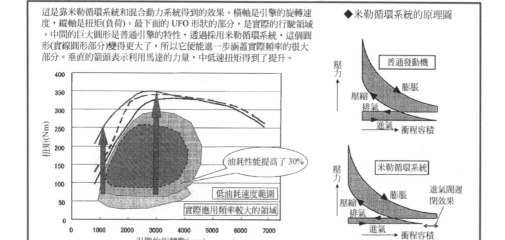

這是靠米勒循環系統和混合動力系統得到的效果。橫軸是引擎的旋轉速度，縱軸是扭矩(負荷)。最下面的 UFO 形狀的部分，是實際的行駛領域。中間的巨大圓形是普通引擎的特性，透過採用米勒循環系統，這個圓形(實線圓形部分)變得更大了，所以它便能進一步涵蓋實際頻率的很大部分。垂直的箭頭表示利用馬達的力量，中低速扭矩得到了提升。

◆米勒循環系統的原理圖

≡ 6.大發展出的 2 輛混合動力車

　　大發的混合動力系統與豐田基本相同。在 2005 年的車展上，大發的展臺上出現了 2 輛大小不同的混合動力車。一個被成爲 HVS，搭載了 1500cc

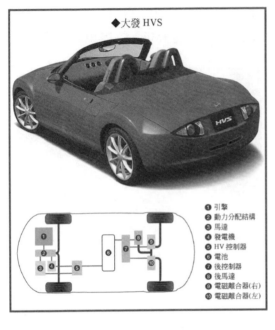

◆大發 HVS

❶ 引擎
❷ 動力分配結構
❸ 馬達
❹ 發電機
❺ HV 控制器
❻ 電池
❼ 後控制器
❽ 後馬達
❾ 電磁離合器(右)
❿ 電磁離合器(左)

的引擎，是一輛敞篷跑車，另一個是將提高油耗性能追求到底的輕型汽車。這兩輛車都比普銳斯小，是兩款為了與混合動力車方面的總公司—豐田分開存在公司。

HVS 是用 Hybrid Vehicle Sport 的首字命名的，其車身很輕，是做了很多空氣力學上的考量的敞篷型車身，其意圖是同時實現良好的行駛性能和油耗性能。其系統為前置 2 個馬達，後面還有 1 個電動馬達，是 4WD 車，與 Harrier 和 KLUGER 相同。其引擎是 1500cc 的直列 4 缸引擎，輸出功率為 80kW(109ps)，最大扭矩為 141Nm，但其前後馬達的性能和車身重量未公佈。

而且，其油耗為每升 35km，據說它不但能夠發揮出 2 升級別的性能，還能保證油耗性能與 1 升級汽車相似。這款車為 2 座式，全場 3715mm，輪距為 2235mm。

◆大發 UFE-Ⅲ

大發一直在開發超低油耗車。這款車透過採用的是高效率而輕量的引擎和混合動力系統，以實現車輛的輕量化，以及空氣力學性能的提高。這款車的前排座位只有一個駕駛座。

　　另一輛輕型混合動力車 UFE-III的開發意圖十分明瞭。UFE-III是 2001 年和 2003 年問世的 UFE(Ultra Fuel Economy)的進化版本。其系統與普銳斯相同，也是 FF 方式的 2 馬達混合動力系統，其引擎是將大發的用於輕型轎車的直列 3 缸引擎改裝成而特金森循環系統製成的，其最新型號均是用鋁材料製造的，所以相比從前的引擎，重量降低了很多。

　　2 年前的車型車身重量為 570kg，空氣阻力係數 Cd 值為 0.19，但這款車的重量為 440kg，Cd 值為 0.168，取得了很大的進步。其空間設計成了前面乘坐 1 人，後面乘坐 2 人的形式，從而成了 aeroform 式，在空氣力學上的優勢很明顯。而且這款車大量使用了樹脂複合材料和鋁合金，以實現輕量化。

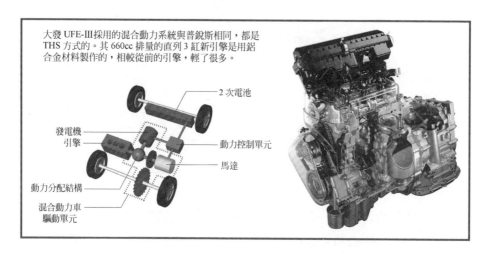

大發 UFE-III採用的混合動力系統與普銳斯相同，都是 THS 方式的。其 660cc 排量的直列 3 缸新引擎是用鋁合金材料製作的，相較從前的引擎，輕了很多。

2 次電池
發電機
引擎
動力控制單元
馬達
動力分配結構
混合動力車驅動單元

　　因此，其油耗從之前的每升 60km 漲到了 72km。2002 年，VW 發售的測試車 2 座 TANDEM 柴油引擎車的油耗超低，而這輛車是繼其之後的又一輛油耗超低的車。根據有關資料，這輛 VW 實驗車的油耗為每升 100km。

　　UFE-III的儀表板的設計，相比 2 年前的未來型設計，更加實際了，這一點也非常有趣。也許這輛車只有這一點比從前更實際了吧。

7.歐洲製造商的混合動力車

梅賽德斯賓士的混合動力車

在 2005 年的法蘭克福車展上，戴姆勒克萊斯勒發佈了 2 種混合動力系統。其驅動方式是以引擎為主，以馬達為輔。相對於全混合動力方式，戴姆勒克萊斯勒將這種方式稱為軟混合動力方式。

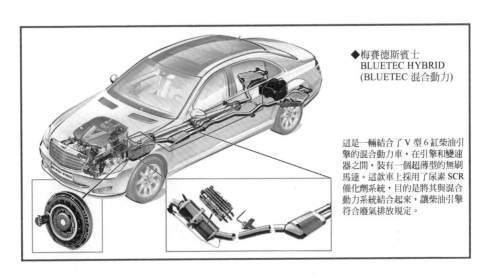

◆梅賽德斯賓士
BLUETEC HYBRID
(BLUETEC 混合動力)

這是一輛結合了 V 型 6 缸柴油引擎的混合動力車，在引擎和變速器之間，裝有一個超薄型的無刷馬達。這款車上採用了尿素 SCR 催化劑系統，目的是將其與混合動力系統結合起來，讓柴油引擎符合廢氣排放規定。

這種混合動力系統分為兩種，分別是採用汽油引擎的系統，和採用柴油引擎的系統。戴姆勒克萊斯勒之所以要將它們做成混合動力系統，目的是想讓汽油引擎車擁有相當於柴油引擎的油耗，讓柴油引擎擁有相當於汽油引擎的廢氣性能。他們的基本混合動力系統是相同的，是在引擎和變速器之間配置了馬達，使之渾然一體。

這 2 輛概念車都是以梅賽德斯 S 級為基礎生產出來的。

採用了汽油引擎的一輛被稱為 DIRECT HYBRID，其引擎是 3.5 升的直噴 V 型 6 缸引擎。據有關報導資料稱，此系統高的最大輸出功率為 221kW(300ps)，最大扭矩為 395Nm，0~100km 的加速為 7.5 秒，最高速度為 250km/h，NEDC 油耗值為 8.3 升/100km(約 12.0 升/升)。

這是搭載了 BLUETEC HYBRID 系統的梅賽德斯 S 級車。右邊是它的柴油引擎。

採用了柴油引擎的系統被稱為 BLUETEC HYBRID，之所以這樣命名，也許是因為它將重點放在了解決廢氣排放問題上吧。這種系統不僅靠聯合運用馬達來提高其廢氣排放性能，還採用了尿素噴射系統，以大幅降低氮氧化物 NO_X 的排放。這種裝置就是將另一個箱內的尿素水噴射到尿素 SCR 觸媒轉化劑上，從而使排出的 NO_X 與尿素中的氨水發生化學反應，最後排出氮氣和水。

要想解決柴油引擎的顆粒物質 PM(微粒物質)問題，採用提高燃燒溫度的方法是有效的，但是這樣一來，NO_X 就會增多。於是，他們便另安裝了一個尿素 SCR(選擇式觸媒轉化劑還原法)，以消除 NO_X。據說，日產已經在卡車的柴油引擎上實際應用了這一方法，並使 NO_X 減少了 80%。這個柴油引擎混合動力系統的最大輸出功率為 179kW(243ps)，最大扭矩為 575Nm，0~100km 加速為 7.2 秒，最高速度為 250km/h，NEDC 油耗值為 7.7 升/100km(約 13.0km/升)。

這些是概念車，所以其上市計畫似乎尚未提到議事日程上來，但他們表示有意向開發能夠提高馬達的輸出功率的全混合動力系統。

奧迪 Q7 混合動力車

繼在法蘭克福車展上展出之後，奧迪又在東京車展上展出了在奧迪 Q7 上搭載混合動力系統的車型。奧迪作為歐洲的製造商之一，從很早以前開始，就一直在開發混合動力車，在這一成績的基礎上，這種系統更具體地展示出來了。

這款車的驅動方式是以馬達作為動力，而且採用了 V 型 8 缸 4.2 升高性能引擎。這樣做不僅能提高汽車的油耗性能，還能使汽車在低速域利用馬達產生很高的扭矩，從而使汽車能夠行駛得更具動感。

◆奧迪 Q7 混合動力車

雖然這款車的混合動力方式是以馬達為輔的，但是在 30km/h 以下的速度範圍，這款車僅靠馬達便可行駛，為在城市街道行駛時較低油耗做出了貢獻。其行駛模式有 3 種，分別是靠馬達驅動行駛、靠引擎驅動行駛，以及靠引擎+馬達驅動行駛。

其引擎的最大輸出功率為 257kW(350ps)/6800rpm，最大扭矩為 440Nm/3500rpm，僅靠此引擎，其 1~100km 的加速就可達到 7.4 秒，如果結合上馬達，可將加速時間縮短 0.6 秒，變成 6.8 秒。司機在完全踩下加速踏板的同時，馬達會全速運轉起來，因此

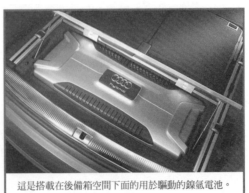

這是搭載在後備箱空間下面的用於驅動的鎳氫電池。

在低速域產生的高扭矩產生加速器的作用。這款馬達的輸出功率為 32kW，扭矩為 200Nm。馬達被安裝在引擎和扭力變換器的變頻器之間，透過離合器與引擎連接在一起。

在 30km/h 以下的低速域，這款車僅靠馬達驅動可行駛 2km 左右。而且，它還具備僅靠引擎驅動行駛的模式，和僅靠馬達驅動行駛的模式。此外，怠速停止的停止時間一旦達到 3 秒，引擎就會關閉，而且馬達還會作為發電機將減速時的能量回收。

這款車採用的電池是鎳氫電池，搭載在後廂空間的下面，未犧牲第 3 排座位。考慮到靠馬達驅動行駛的情況，這車的空調壓縮機和轉向泵均設計成了電動式。

這款車的混合動力系統重量為 140kg，車身的重量為 2410kg，重量較大，但在 MVEG 循環下，其油耗為 12.0 升/100km(約 8.3km/升)，與標準 Q7 款相比，油耗降低了 13%。與梅賽德斯的混合動力車相同，在城市街道行駛的時候，它有望進一步節省油耗。

這款車的另一個嘗試是採用了太陽能發電。它在大型汽車遮陽棚玻璃內安裝了太陽能電池，以使換氣和空調能夠在停車過程中工作。這樣一來，即使是在炎熱的夏季停車，司機也可以提前幾分鐘透過遠距離操作讓空調系統啟動。雖然乘坐上車的時候室內變得舒適了，但是，為此，需要使用用於混合動力系統的電池的一部分電量。

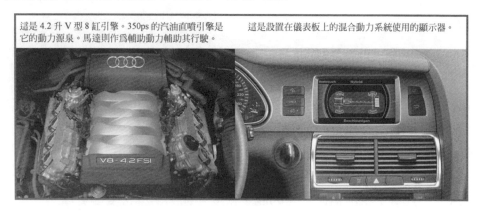

這是 4.2 升 V 型 8 缸引擎。350ps 的汽油直噴引擎是它的動力源泉。馬達則作為輔助動力輔助其行駛。

這是設置在儀表板上的混合動力系統使用的顯示器。

混合動力車上使用的各類零件

　　電池的重量和成本的削減是讓混合動力車存在的最重要因素。能量密度和輸出功率密度是混合動力車必須使用大型電池的原因，但價格問題成了一個壁壘。豐田採用鎳氫電池，最早突破了這一壁壘，使其得到了實際應用，但是豐田選用鎳氫電池並不是因爲它在能量密度等方面比其他的電池有優勢。豐田從低溫時的工作情況和生產性等多方面進行綜合考慮，才選擇了它。

　　如今，鋰離子已是性能最好的電池，各個製造商紛紛積極考慮應用它。日產將鋰離子電池做成超薄型，搭載在汽車的地板下，以使其體積縮小，從而製造出了 PIVO 這種電動車。當然，混合動力車和燃料電池車也可以應用這種電池。

　　在這裏，我們就以速霸陸混合動力車上使用的鋰離子電池和電容器爲中心，來看看混合動力車使用的零件和系統吧。

即使是急速充電，錳鋰離子電池的溫度上升也能抑制在一個較低的水準，而且在它的充電率在短時間內就可達到90%。

（圖表）
縱軸：充電後的充電率(%)　0, 10, 20, 30, 40, 50, 60, 70, 80, 90, 100
右縱軸：充電後的溫度上升(℃)　10, 20, 30
橫軸：充電電流(A)　0, 250, 500, 750, 1000, 1250
充電 5 分鐘後的充電率
用 5 分鐘的快速充電即可確保 90% 的充電率
充電 5 分鐘後，電池組的溫度上升情況(自然空氣冷卻)
電池容量：25Ah

▌薄板狀的錳鋰離子電池

　　從大約 3 年前開始，速霸陸就和 NEC 開始共同研究開發用於混合動力車和電動車的錳鋰離子電池。這是被做成了薄板狀的錳鋰離子電池，因此人們稱之爲 LAMILION。據說與從前的鎳氫電池和鋰離子電池相比，它的能量密度和輸出功率密度都更高。

Li-ion 電池

這是將薄板形狀的錳鋰離子電池垂直配置形成的電池模組。據說它還可以在 100mm 以下的高度下水平配置。

　　能量密度用每 kg 的 Wh 表示，它與電池的持久性，也就是最大航程是成正比的。輸出功率密度是指每 kg 的 W 數，是一種瞬間發力。鋰離子電池的輸出功率密度大約是鎳氫電池的 2 倍。

據說，這種新式電池不僅在高功率方面具有優勢，還具有搭載性強，可超快速充電，壽命長，安全性強，而且成本低等優勢。

在搭載性方面，由於它是薄板狀的，重量輕、結構緊湊，所以甚至可以水平安裝在高度在 100mm 以下的地方。而且，在將

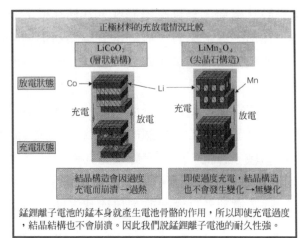

錳鋰離子電池的錳本身就產生電池骨骼的作用，所以即使充電過度，結晶結構也不會崩潰。因此我們說錳鋰離子電池的耐久性強。

其做成薄板狀的基礎上，設計者在墊片方面也費了一番功夫，以避免出現漏液情況。

這種新式電池的最大特點在於板狀的正負電極呈三明治狀交疊，外面用鋁製薄膜覆蓋。與之前的圓筒狀電池相比，這種層疊結構的電池具有極好的冷卻性。普通電池一旦有大電流通過，就會大量發熱，無法充電。而這種新式電池的冷卻性很好，所以僅進行 5 分鐘的快速充電，充電率就可達到 90%。據說這個時候，電池表面的溫度上升僅爲 15℃。

之所以說它安全性強，是因爲錳鋰離子電池中組合了作爲骨骼的錳

(Mn)。普通電池將鈷作爲電池的骨骼使用。一旦使用鈷，就不得不將電池的結構做成物理上的層狀，但如果將錳作爲骨骼使用的話，可以做成尖晶石型的結晶構造。如果是尖晶石構造，即使充電過度，其結晶構造也不會發生變化，物理性能很穩定。如

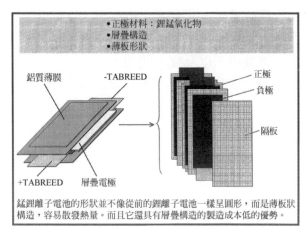

錳鋰離子電池的形狀並不像從前的鋰離子電池一樣呈圓形，而是薄板狀構造，容易散發熱量。而且它還具有層疊構造的製造成本低的優勢。

果是層狀構造，一旦充電過度，其結晶構造就會崩潰，鋰離子就會消失，所以在這一點上來看，能夠維繫尖晶石構造的結晶構造壽命也很長。

據說錳的埋藏量非常大，所以從成本方面來考慮，使用這種電池也非常有利。

新式電池搭載性是一個問題。新式電池具有機械性強度、巨大的加速度、而且還組合了複數個槽，所以是一個與從前的鉛蓄電池完全不相通的全新領域。據說，為了充分確認其機械性強度，設計者特別將其設計成了能夠抵抗 7 倍以上的加速度的結構，而且在確認其性能上花費了不少時間。許多電池一旦做成直列接續狀，便容易零散，所以在製作這種新式的電池的時候，設計者還投入了監視其零散情況，並讓電流從電壓高的槽流向電壓低的槽進行供電，從而使電壓固定的技術。

而且，這種新式電池中還配備了能夠監視電池的電壓、電容，並能一直監視其是否有異常情況的電腦。

▌大容量鋰離子電容器的開發

速霸陸對新時代電池的開發也涉及到了對新電容器的開發。

電池是靠化學反應儲存電力，再慢慢使用大量電力，相對於此，電容器是靠靜電儲存電力，然後瞬間釋放出電力，這是它的特點。電容器起源於 120 多年前，當時，德國的物理學家亥姆霍茲將其命名為"電雙層"。

電容器的結構為無化學反應蓄電結構，其輸出功率密度高，耐久性好。具體來說，它能夠經得起數 10 萬次的循環使用，壽命在 15 年以上。但是，電容器雖然有這方面的優勢，我們卻有一個必須跨越的課題，那就是蓄電量小，以及成本問題。

速霸陸開發的新型電容器是利用了鋰離子的大容量電容器。

從前的電容器，正負極使用的是活性炭，但速霸陸的電容器負極，採用的是碳系，而且此負極上預先摻雜了鋰離子。據說，這種電容器的負極上貼著鋰膜，鋰離子會從這層膜垂直移動到負極內，因此可以製造出 2000F(法拉)的大容量電容器。

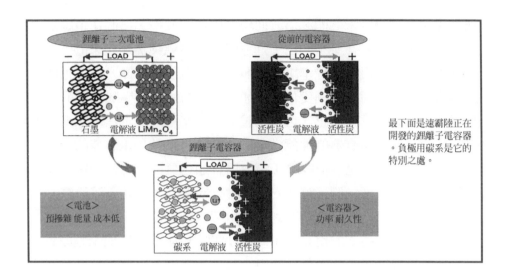

最下面是速霸陸正在開發的鋰離子電容器。負極用碳系是它的特別之處。

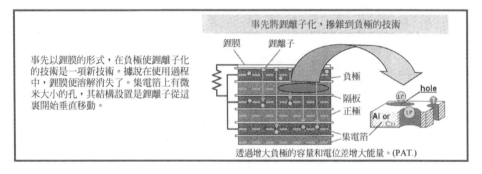

事先以鋰膜的形式，在負極使鋰離子化的技術是一項新技術。據說在使用過程中，鋰膜便溶解消失了。集電箔上有微米大小的孔，其結構設置是鋰離子從這裏開始垂直移動。

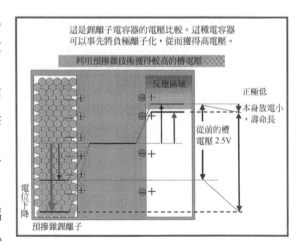

　　預摻雜技術被稱為Pre-doping，Pre是預先的意思，doping是摻雜的意思。從前的電池構造是以金屬箔為材料的，因此鋰離子是無法通過這種金屬箔的。

　　如果在這種金屬箔打孔，鋰離子便能夠通過了。據現在的估計，金屬箔是鋁或銅材料的，那麼孔的大小大概在幾微米到幾毫米之間，這方面現在尚在開發中。這個在金屬箔上打孔的方法，是開發者在乘坐的巴士通過隧道的時候突然想起來的。

從前的電容器電位從標準電壓出發，負極電位向負極方向，正極電位向正極方向，以相同的比例變化。普通電容器的耐電壓極限是電解液開始出現電能分解時的反應電壓。也就是說，一旦充電至一定程度以上，電解液就會化學分解，電容器的性能就會顯著下降，這就是電容器的侷限。

另一方面，新式電容器鋰離子電容器會通過負極上的預摻雜，摻雜上許多鋰離子，在負極一側，電極的電位會大幅下降。因此，這種電位差便能夠提高槽電壓。即使將其設置到不會引起正極電位老化的低電壓狀態，也能夠獲得相當於從前的電容器 1.5 倍的電壓，因此，其可信性很強。

從前的電容器，正負和負極使用的都是活性炭，靜電容量基本上是相同的，所以槽靜電容量是單側靜電容量的 1/2。據說，鋰離子電容器通過預摻雜，能夠使負極的靜電容量達到正極活性炭的 30 倍以上，容量非常大。

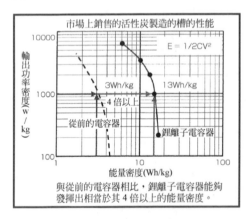

市場上銷售的活性炭製造的槽的性能

$E = 1/2 CV^2$

3Wh/kg 13Wh/kg

4 倍以上

從前的電容器

鋰離子電容器

輸出功率密度（w／kg）

能量密度（Wh/kg）

與從前的電容器相比，鋰離子電容器能夠發揮出相當於其 4 倍以上的能量密度。

也就是說，如果能將一種新型大容量電極材料配置到正極上，便能使其性能達到普通電容器的 2 倍。

我們比較了一下市場上賣的電容器，也就是容量為 2000F(法拉)級的舊式電容器與鋰離子電容器的能量密度，結果發現，鋰離子電容器的能量密度是舊式電容器的 4 倍以上。這個結果是將容量和電壓相乘計算出來的，所以由 2 倍的容量和 1.5 倍的電壓便得出了 4 倍這個數字。

現在，這種新式電容器正在 288V 的環境下進行實驗。典型的鋰離子電容器的構成為 96 槽，最大電壓為 365V，最小電壓為 211V，規格容量為 20F，能量為 250Wh，重量為 30kg，體積為 40 升，最大輸出功率為 86kW(120ps)。

　　這種電容器是用碳、鋁、銅、鋰等材料製造的，所以其成本較低，無污染，量產性能也較高。

　　在不久的將來，不光是巴士、卡車等大型車，就連轎車等混合動力車也會使用這種電容，到時，它將作為一種取代鉛蓄電池的產品，受到大家的關注。

▍鋰離子電池的新量產技術

　　鋰離子使用的材料如下，正極一側為鋁，負極一側為非常薄的銅箔，據說其純度為 99.99%。這種銅箔是用之前的壓延方法製造的，銅箔會因碾軋而壞掉，所以在厚度上是有一定的限制的，厚度最薄在 100 微米(0.1mm 厚)。據說銅箔本身的寬度最大也只能達到 600mm。但是據說，古河電工能夠利用最新的電解銅箔技術，量產 10 微米厚的銅箔產品。這種銅箔產品的抗彎曲性、耐熱性、伸縮性能都大大超越了壓延銅箔。所謂電解銅箔技術，是一種與電鍍法相似的技術，所以只要將轉鼓擴大，就可以輕鬆地製作出寬度在 1m 左右的產品。如果能製造出薄而大的負極材料，那麼就意味著設計的自由度會得到進一步的提高。據說這種產品預計於 2008 年問世。

　　這種電容器能夠在 1 分鐘之內完成充放電。而且，據說，雖然充放電時間僅為 1 分鐘，但其效率卻能達到 94%左右，最多可反覆充放電數十萬次。這種電容器能夠在零下 20℃的環境下使用，而且能夠準確測定剩餘蓄電量。在容量、電壓、配置空間等方面有 3 種變化。

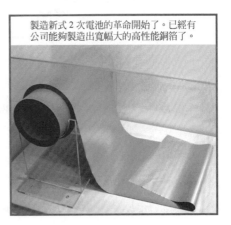

製造新式 2 次電池的革命開始了。已經有公司能夠製造出寬幅大的高性能銅箔了。

▍用於混合動力車的空調壓縮機

　　為了降低油耗，怠速停止技術對於混合動力車來說，是不可或缺的。但是，在怠速過程中，如果空調的壓縮機不能運轉，大家就會集中對空調的使用性產生不滿。於是，在電動情況下能夠運轉的壓縮機問世了。

這是本田與三電共同開發製造的本田的混合動力型空調壓縮機。

這是歐洲車青睞且很願意選用的往復式可變容量壓縮機。它是用 CPU 周密控制的。

　　用在雅哥和喜美上的的混合動力壓縮機同時具備踏板驅動和馬達驅動兩種驅動方式，或是採用電腦控制其中一種進行驅動。這種壓縮機具有 2 個壓縮部分，雅哥的混合動力壓縮機的踏板驅動部分排量為 90cc(喜美為 75cc)，電動驅動部分的排量為 15cc。踏板驅動部分最高轉速只有 2000rpm，但電動驅動部分能隨心所欲地達到 9000rpm 的轉速，所以盛夏時節，進入車內的時候，可以迅速冷卻車室，使車室內更加舒適。這是全世界最早同時採用兩種驅動方式，並商品化了的壓縮機。

　　這種壓縮機可以透過演算來自外部氣溫感測器、引擎轉數、怠速停止、低壓管的壓力感測器等處的資訊，高效率地管理 2 種動力。這種壓縮機不僅考慮到了小型化問題，為了降低怠速停止時的馬達聲，此壓縮機上還安裝了 250cc 的消聲器。那是蒸發的時候傳出的噪音。這種引擎是渦旋式的，但是順便一提，三電株式會社便因開發了渦旋式壓縮機的核心技術而被大家所熟知。

　　在日本國內，渦旋方式的空調壓縮機佔主流地位。往復式壓縮機的摩擦運動的部分不多，所以在耐久性方面來說，也很有優勢。

　　而且往復式壓縮機的扭矩啟動較柔軟，特別是在這 5~6 年間，它正在朝高效率化發展。過去，空調按鈕一旦按下，汽車的動力就會突然下降。另一方面，可變容量型的往復式壓縮機也很受歡迎。在歐洲車上，這種壓縮機佔據著主流地位。這是因為歐洲用戶追求的是比較小的扭矩變動，就像他們希望動力下降也要比較小一樣。這種壓縮機可以透過改變衝程量來改變排量，所以其油耗較小，對司機的衝擊較小。

這是 Harrier 和 KLUGER 採用的用於混合動力系統的電動式壓縮機。這款壓縮機是渦旋式的，排量為 27cc，約是普銳斯的 1.5 倍。

這是豐田 FCV 採用的以 CO_2 為冷卻劑的壓縮機。它的外殼是鋁製的。

　　電動式空調壓縮機 ES27，是豐田與電裝共同開發的用於混合動力系統的壓縮機。它被用在了 Harrier 混合動力車上，是小而輕的渦旋式壓縮機，但 Harrier 改變了其核心形狀，排量變成了 27cc（用在普銳斯上的壓縮機，排量是 18cc）。而且這款壓縮機是一個與變壓器一體型的可輸入調壓、變更頻率的壓縮機。壓縮機於 20 世紀 50 年代在日本問世，當時主要是往復式壓縮機，後來變成斜板式壓縮機，現在，高效率的渦輪式壓縮機佔據了主流地位。

　　豐田自動織機生產的以 CO_2 為冷卻劑的空調壓縮機，被用在以豐田的 KLUGER 為圓形的 FCV(燃料電池車) 上。據說這款壓縮機是電動式的，壓力一般在 15bar→100~200bar，所以它的外殼是用 8mm 後的鋁製成的。順便一提，據說它的重量與之前的壓縮機基本沒有區別。

這是電裝生產的雙驅動式空調壓縮機。ESTIMA 混合動力車採用的就是這款壓縮機。

　　ESTIMA 混合動力車採用的是兼具電動和踏板驅動兩種驅動方式的空調壓縮機。這種壓縮機的排量為 160cc，重量為 8.4kg。

▌輪內型馬達的內藏軸桿單元

　　輪內型馬達最早是由斐迪南 ·保時捷於 100 多年前的 Lohner Porsche 時代開發的，現在裝飾在維也納的科學技術博物館內，非常有名。三菱、BS 等公司幾經研究，才使新式輪內型馬達得到了實際應用。輪轂、傳動軸的製造商 NTN 也推出了一款典型的輪內型馬達。與安裝在車內的馬達相比，輪內馬達能夠確保汽車的室內空間，這一點是毋庸置疑的，但是不僅如此，它還能夠分別控制各個車輪的驅動輪，從而提高車體的穩定性。

　　NTN 開發的 "輪內型馬達內藏軸桿單元" 是單列的，它能夠獲得很高的減速比，而且採用了高效率的擺線型工作減速器構，在減輕減速器重量的同時，採用了軸向間隙型永久磁鐵式同步馬達。NTN 想在這個減速器和馬達上配上自己的主力產品輪轂軸承，做成一個單元，以做出一個最佳的設計。據說這個單元的重量很輕，而且效率很高。單元的質量為 20kg，固定輸出功率為 20kW，馬達轉數最大可達 15000rpm(相當於時速 150km/h)。當然，這是一種靠電動車、混合動力車活躍的單元，據說將於 2010 年投入市場。

▌雅哥混合動力車採用的 5 速 AT

　　雅哥混合動力車採用的變速器是巡航時效率很高的 5 速 AT。此 5 速 AT 是由本田生產的，與 LEGEND 的 5 速 AT 基本相同，但是由於油壓不同，所以此 AT 少了一個離合片，而且它是外置型的，追加了電動式的油泵(擺線型)。在怠速停止時，此變速器也能將油壓維持在最低限度，而且它與啟動齒輪用的離合器的接合非常流暢，保證了汽車的駕駛性能。

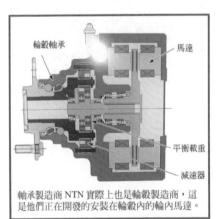

輪轂軸承　　　　馬達

平衡載重

減速器

軸承製造商 NTN 實際上也是輪轂製造商，這是他們正在開發的安裝在輪轂內的輪內馬達。

　　據說，由於追加了電動式油泵，此變速器的重量增加了約 3kg。如果這個油泵，例如在路口右轉的時候，汽車會在加速器突然打開等狀態下，離合器會咣的一聲接合起來，讓人聽了很難受。

在這個 5 速變速器的扭力變換器內，裝有隔膜彈簧，從而提高了其鎖定反應能力。據說，這樣一來，變速器在接合的時候能夠迅速接合，在分開的時候也能以更快的速度分離，因此，節省了許多能量，從而將油耗性能提高了1.9%。

這是引擎、IMA 馬達、5 速 AT 的切割斷面模型。左下方是電動+踏板驅動的混合動力壓縮機，AT 下部是電動的油泵。

這種原理不僅對混合動力車有利，對其他車也很有利，所以我想，今後的本田車都會採用它。這種變速器的扭力變換器的扁平率為 65%，是位於濱松的 Yutaka 技研公司生產的。

Chapter 5
燃料電池車和電動汽車新動向

1.日本廠家引領下的下一代車輛

　　燃料電池車作爲"擺脫石油"時代(即不用石油的時代)的車輛,已經被關注了將近十年。最初人們期待的燃料電池車實用化時期,是以 2010 年前後爲目標的,但是由於技術方面的難點很多,導致這個時期的來臨也變得更遲。有人甚至預測在沒有樹立開發目標之前,燃料電池車的普及還需要等到很久、在實用化方面還是很困難的。

　　關於燃料電池車開發方面的競爭,人們的印象是:最初是戴姆勒-克萊斯勒集團(DAIMLER-CHRYSLER)在技術方面領先,日本廠家和 GM 緊跟其後。

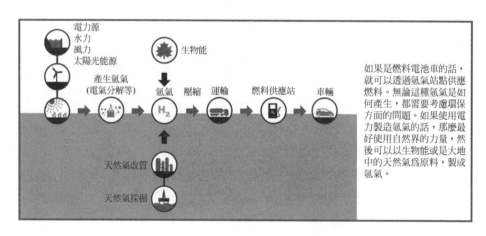

如果是燃料電池車的話,就可以透過氫氣站點供應燃料。無論這種氫氣是如何產生,都需要考慮環保方面的問題。如果使用電力製造氫氣的話,那麼最好使用自然界的力量,然後可以以生物能或是大地中的天然氣爲原料,製成氫氣。

在伴隨這種新技術的開發的初期階段，有著各式各樣的可能性，認清朝著哪個方向前行較好、需要一定的時間，這期間需要各種嘗試。最終，前行的路線會被堪定，技術方面的課題就這樣一點點地明瞭起來。

關於作為關鍵技術的燃料電池，從一開始就明白究竟需要解決什麼樣的課題，先進行開發的加拿大的巴士拉德(Ballard)公司等幾家公司在技術方面都佔據領先位置。但是，具有實力的汽車廠家都在開發上投入了力量，日本的汽車廠家推行自行開發，挽回了技術方面落後，現在產生了龍頭作用。

日產在開發方面略遲於豐田及本田，其沒有和巴士拉德(Ballard)公司進行技術協同，而是和美國的 UTC Fuel Cell 公司合作，這兩個公司之間締結了合約，是以將來日產的自行開發為條件，經過了 2 年的協同，現在已經進入了自行開發的階段。巴士拉德(Ballard)公司並不能接受日產的這種意向。現在公司開發中的中心課題在於：如何用可靠的反應進行發電、如何減少觸媒中所使用的貴金屬的量、用其他金屬代替等。

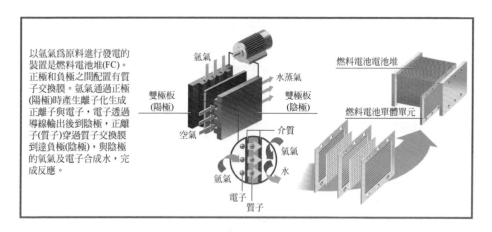

以氫氣為原料進行發電的裝置是燃料電池堆(FC)。正極和負極之間配置有質子交換膜。氫氣通過正極(陽極)時產生離子化生成正離子與電子，電子透過導線輸出後到陰極，正離子(質子)穿過質子交換膜到達負極(陰極)，與陰極的氧氣及電子合成水，完成反應。

關於發電時使用的氫的供應情況，有很多的選項。直至 2000 年為止，人們對氫的改質的種種可以納入系統的方式進行了相當多的研究，現在用站點等供應氫的方式是主流。如果觀察安裝了改質裝置後，和基本設施之間的關係，我們認為應該是：比較容易確立實用化的目標，但是改質中使用的燃料甲醇，則有可能發生公害問題，以汽油為基礎的燃料會排出 CO_2，會有不能成為零排放汽車(zero-emission car)的問題出現，這樣一來，改質裝置就不能說是一個聰明的決定了。

實際上，透過租賃方式持續進行行駛測試的燃料電池車，都安裝著氫氣瓶。氫的能量密度低於汽油，如果要延長續航距離的話，則不得不增加相當多的重量，怎麼樣才能適當地安裝氫氣瓶，這就要考驗設計者的智慧了。很多廠家都是原封不動地使用高壓氣瓶中的氫氣，但是也不能說沒有使用液體氫、或是氫吸藏合金的可能性。

2005 年東京車展上展出的本田 FCX CONCEPT。在供應氫氣燃料的站點中拍攝的照片。

現在，有一些廠家採用租賃銷售等方式、讓汽車行駛在公路上，貌似看不見實用化的趨勢，關於何時可以量產銷售，現在有的人持樂觀態度、也有人覺得悲觀。但是，在日本以及美國，已經有幾十台燃料電池車在進行日常行駛。其中，也產生過漏氫等問題，如何糾正這些不適之處，也正是通往實用化過程中，不可迴避的道路。

關於現在的燃料電池車，與其說是廠家之間的競爭，不如說各個國家以舉國之力專心研究的專案。

哪一種車型才是下一代車輛中的真命天子

不能永遠依存於以石油為燃料的內燃機，這是開發燃料電池車的一個很大的目標。本來電動汽車可以構築這種地位，但由於是馬達驅動，所以不得不裝有又重又大的電池，這就遭遇到了瓶頸。如果不使用驅動馬達用的電池，那就需要安裝發電裝置，其根本就是燃料電池車。

然而，透過開發電動汽車、或是以此為基礎、推進開發的實用化的混合動力車(Hybrid Car)等，曾經放棄了的電池發展的比想像快，有的人認爲：關於電動汽車的夢想是否可以由此而實現呢？現在這種想法已經具有了現實的含義。之所以這樣說，是因爲燃料電池車也需要使用高成本的貴金屬，問題點在於：是否可以用不是那麼昂貴的金屬代替？除此之外，也存在不得不突破的技術障礙。哪個才是現實的呢？難以貿然進行判斷。

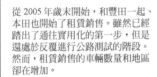
從 2005 年歲末開始，和豐田一起、本田也開始了租賃銷售。雖然已經踏出了通往實用化的第一步，但是還處於反覆進行公路測試的階段。然而，租賃銷售的車輛數量和地區卻在增加。

關於電池，在近 100 年左右，看不到有很大的進展。有好幾次都出現在有追求電動汽車的可能時，又轉回的經歷。但是，隨著鋰離子電池的能量密度、輸出密度變得非常高，並且更加進化，說不定可以成爲只在汽車上裝載的緊湊型電池。

本田使用定置型的發電裝置，生產使用燃料電池的站點，和車輛分開銷售。

迄今爲止，說的都是多個選項中的一個，對於不僅僅用於電動汽車、也可以用於混合動力車(Hybrid Car)或是燃料電池車的電池，不僅僅是電氣廠家或是電池廠家，連汽車廠家也被捲了進來，不斷開發高密度的電池。在開發中所投入的能量，前所未有地集聚起來。

當然，並不是簡單地把支援長距離行駛的大容量電池設置爲緊湊型即可，縮短充電所需的時間也是很重要的。進一步，還有成本問題。

如果可以解決這些問題的話，就會得到比燃料電池車更加簡單的系統，這一點是很有利的。考慮到這一優點，也就出現了代替燃料電池車、以下一代原動力爲本的電動汽車廠家。三菱汽車的電動汽車，就是這方面的嘗試。另外，也有如同日產這種展示兩者的概念車型。通用汽車曾經用過沒有裝載電池的燃料電池系統，其他眾多廠家也同樣開始裝載電池，共通點變得越來越多。

2005 年底特律車展中展出的 FC"Sequel"。後面爲輪內馬達、FC 系統安裝在底板下側，強調的是可以自由地佈置室內空間。

🔲 引擎變成了原動力、車輛會有何種變化

2005 年的東京車展中，以日本廠家爲中心，展出了很多作爲下一代汽車的燃料電池車和電動汽車，以供人們的參考。在以前的展示中，整體而言技術展示的含義很濃，和那些已經明瞭的情況不同，對於將來車的發展，人們提出了各式各樣的方案

爲了實現燃料電池車及電動汽車的概念，不僅僅是消耗能源的問題，在車型的實用化方面，也要求對汽車的形態做出很大的創新。不僅需要設計出具有有趣概念的車型、還需要謀求觀眾們的接受，更需要實現這些概念。如果能夠達到以上的要求，那麼就可以使

輪內馬達方式不僅僅可以提高效率，也可以擴大車輛設計的自由度。豐田 Fine-X 的 4 輪獨立大舵角結構也是其中之一。

145

燃料電池車及電動汽車的實用化成為一種現實。

同時，由於人們更加發展性地展開目前所累積的各種電子控制技術，我們可以看到汽車廣闊的前景。

關於燃料電池車和電動汽車，和以內燃機為動力的汽車相比，其更加有優勢的方面，不僅僅在於擺脫石油或是可以解決排氣問題，更在於設計出節能高效率的汽車產品。其中之一，採用把馬達配置在輪胎車輪內側空間的輪內馬達方式。

關於這種方式，首先可以列舉出傳動效率高這一優點。作為動力源的馬達就在車輪和輪胎旁邊，可以直接地、或是透過極少數的幾個齒輪，就可以把動力傳送給輪胎。現在的汽車中，引擎直至車輪為止的動力系統是連接在一起的，所以比較之下優勢即現。動力源可以放在車輪裏，如果對此進行獨立控制的話，那麼就不需要差速器，也不需要傳動軸。隱藏動力源、不需要傳動系統的部分，意味著擴大了車體設計的自由度，由此可以擴大乘用空間等。

由於內燃機很重，所以收納在引擎蓋當中的話，會給車輛帶來各式各樣的限制。如果使用輪內馬達，那麼就可以從這些限制中解放出來，可以把系統設置在底盤下面，這樣就可以提高設計樣式的自由度。由於重心變低，也會對提高行駛的穩定性做出貢獻。

進一步說，如果把一些機械動作轉交給使用電氣信號進行操作的系統來完成，那麼就可以更加擴大駕駛室等的空間。如果使用線控轉向、沒有轉向軸的操控方式的話，那麼在停車時，就可以容納轉向車輪，不會對上下車造成干擾。透過和煞車線控等組合、進行綜合控制，汽車的行駛安全性變好，可以減少交通事故。不僅僅可以更好地預防車禍發生，還可以把撞車時的撞擊減少在最小限度。

燃料電池車及電動汽車，不僅僅是擺脫石油方面的王牌產品，為了拓展汽車在未來的各種可能性，人們不斷進行著開發。

下文中，讓我們看看東京車展中展示的各公司的概念車型。

2.各廠家的燃料電池車

豐田"Fine-X"

豐田最早宣佈出現燃料電池車時，是在 1996 年，在日本國內是最早的，豐田也和本田並肩，在全世界中最早開始了燃料電池車的租賃銷售。正因爲如此，豐田在燃料電池車方面的開發，和混合動力車一樣，引領整個行業。擁有這樣業績的豐田，在 2005 年的東京車展上，展示了燃料電池車"Fine-X"。

Fine-X 不僅僅是爲了炫耀正在發展的燃料電池車的技術水準，還是一種將困擾車輛發展的消極因素限制在最小，把人們對車輛的要求進行最大化的概念車型。

由於採用了 FC 系統，所以具有卓越的環境性能，還採用了 4 輪獨立大轉角和 4 輪輪內馬達，充分考慮到了駕駛時的自由性、以及爲乘客們帶來的享受。這種車型展示了燃料電池車才可以實現的優點。

燃料電池和相關的系統

由於 Fine-X 的燃料電池和相關的系統具有上述的概念，所以還不能稱其爲一種大型新技術的展示，而應該視之爲豐田正在踏踏實實進行開發的系統。但是，Fine-X 中令人耳目一新的，是 70Mpa(約 700bar)的高壓儲氫罐。在展會中也單獨地展示了這種罐，現在的主流產品是 35Mpa，這種壓力罐是現有產品的下一個階段，是豐田自行生產的。對應 2 倍的壓力，氫的容量並不是 2 倍，而是 1.3~1.5 倍左右，可以延長續航距離。

FC 電池堆是一種透過氫氧反應進行發電的裝置，其採用了一種新結構，可以配合緊湊型車輛的尺寸、實現小巧型高效率化。當然，豐田自行生產的這個電池堆中，觸媒中使用了新合金，劃時代地減少了貴金屬的使用量。

還有，豐田在很早之前就改變了說法，把 FCEV 改成了 FCHV，在燃料電池車中也採用了混合動力方式。總之，不僅僅可以使用透過燃料電池發出的電力來行駛，還可以使用電池的電力，動力控制單元有效地結合這兩者的電力，驅動馬達。在同樣的混合動力中，本田的系統中使用了電容器，以此來補充燃料電池中不足的部分，與此相對應的是，豐田的想法是如何組合燃料電池和電池，得到最高的效率？兩家的設計思想是不同的。

Fine-X 採用了輪內馬達方式，基本上把這個系統配置在底板下，擴大了室內空間。如果打開較大的鷗翼型門的話，那麼電動座椅就會旋轉著前來迎駕。

把懸掛設置為最小、用 IST 的尺寸可以創造出嘉美一樣的室內空間。內部的造型宛如可以把人包在裏面一樣，確保開放的視野。

▌包裝

IST 的外形尺寸、以及創造出和嘉美一樣的室內空間的 Fine-X，是一種以行動派的城市下一代家庭為主要客戶的車型，這種家庭把高科技視為生活的一部分。

底盤下設置 FC 電池堆、動力控制單元、儲氫罐等，同時使用 4 輪輪內馬達方式，可以為了實現室內空間的擴大、低重心、低慣性力矩、以及後述的大轉角轉向而做出貢獻。還有，如果從傳動效率或是空間效率來看，輪內馬達是燃料電池車或電動汽車中有望被採用的方式，所以豐田在 2003 年的東京車展上，在展品 Fine-N 中也使用了輪內馬達。

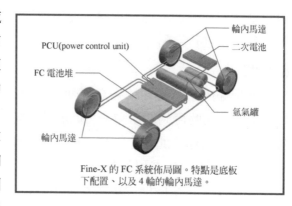

Fine-X 的 FC 系統佈局圖。特點是底板下配置、以及 4 輪的輪內馬達。

　　關於車內設計，為了謀求把乘用者包在裏面的造形和廣闊空間的並存，駕駛座周圍使用了大型顯示器、低位的儀表板並且可以顯示出各種資訊，確保通暢並開放的視野。車門採用了鷗翼式，能夠開得很大，還配備了與此聯動的"電動歡迎座椅"，這種座椅可以旋轉，表示歡迎。增添了上車時的"被款待感"，下車時也有同樣的感覺。另外作為線控驅動的、透過電力運轉的轉向系統，在下車時會被自動地收起來。

▌使用大轉角、追求方便性

　　Fine-X 最大的特徵就是"4 輪獨立大轉角轉向"。這可以讓左右的車輪以及後輪在 ton-in 側、呈 90 度左右偏移，可以實現從前的轎車中達不到的、自由度非常大的動作。例如，如果使用了前軸／後軸旋轉模式，可以以車輛的後側為中心旋轉，也可以以前側為中心旋轉。使用這種功能，即便在縱列停車時、或是從縱列停車中開出來時，都是非常方便的。另外如果使用方向轉換模式，可以使前後輪連續可變地操控，幾乎可以在車全長見方的面積內

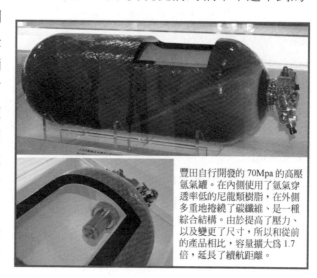

豐田自行開發的 70Mpa 的高壓氫氣罐。在內側使用了氫氣穿透率低的尼龍類樹脂，在外側多重地捲繞了碳纖維、是一種綜合結構。由於提高了壓力、以及變更了尺寸，所以和從前的產品相比，容量擴大為 1.7 倍，延長了續航距離。

可以進行方向轉換。進一步說，在這種情況下的旋轉模式中，可以以車輛中心爲軸，進行自轉。

▌其他

使用輪內馬達的 4 輪獨立驅動和 4 輪獨立操控，並且把 FC 系統配置在底盤下，由此得到的低重心、低慣性力矩，其可以透過 Fine-X 良好的行駛來反映。超越普通轎車的穩定感、以及稱心如意的行動，可以說是燃料電池車 Fine-X 的基本配置帶來的好處。

Fine-X 中也積極地使用了安全預防技術。透過配備可以監視前後以及左右側的鏡頭，可以監視四周，檢測出障礙物。儀表板的大型顯示器中可以顯示出左右的影像，同時在中央部位也設定了障礙物識別畫面，透過影像顯示支援視覺效果。

■ 本田"FCX CONCEPT"

本田在 2002 年 12 月和豐田一起，在全世界最早進行了實用化(租賃銷售)，其後也不斷進行研發，2003 年推出了 FC 電池堆，其顯示的先進性，使被視爲困難的、冰點下的起動成爲可能。2005 年 6 月，在美國率先實現了全世界首例向個人租賃銷售 FCX 的業務。

本田在 2005 年的東京車展上展示了概念車型"FCX CONCEPT"，提出了燃料電池車的明日之姿。

這種車型在獨創的低底盤平台上，裝載了追求小型高輸出的燃料電池系統，創造出低重心及全浮式駕駛室的新一代汽車的形式。透過這些構造，可以得到更佳的行駛感、以及寬裕的室內空間。另外，也透過先進的智慧化技術，不斷追求著如何降低駕駛者的負擔、如何創造出各個車座的最佳空間。

關於傳動系統，前面安裝了一個馬達，後面安裝了採用輪內方式的 2 個馬達，是 4WD。另外，還有使用驅動用的電源(電池／電容器)的混合動力方式。

▌V Flow F.C 平臺

　　雖然燃料電池車沒有內燃引擎，但是安裝著以 FC 電池堆爲首的、包括馬達、系統零件、儲氫罐、電池及電容器等在內的、需要空間的裝置，所以以前的燃料電池車不得不提高底盤或是總高度。因此，本田新開發了從前的燃料電池車中沒有的低底盤"V Flow F.C 平臺"。

使用本田正在開發的 FC 系統，描繪出最近未來的燃料電池車"FCX CONCEPT"。各個單元被小型化，中心坑道的底板盡可能壓低，力圖確保室內空間和低重心。

FCX CONCEPT 的駕駛艙。提出了車速感應式調整儀錶板、以及人體認證駕駛系統等新方案。

　　燃料電池車和普通汽油引擎車的驅動方式不同，可以進行各式各樣的設計。最近的燃料電池車當中，在底盤下側安裝電池堆或是變流器、電池等，室內多會採用設置爲廣闊平坦的方式。使用這種方式優點在於可以把底盤面做成平坦的，但必須把底盤本身提高。本田的 V Flow 可以在室內實現中央通道這種形狀，可以把底盤本身降低。

　　V Flow 這個名字，是從追求高效率、緊湊的 3 個 V 中得到的。一個就是使用燃料電池堆時，氫和氧從上向下流動的方式"Vertical gas flow"，還有把燃料電池縱向配置在中央通道上的"Vertebral layout"，再者就是追求高效率包裝的"Volume-efficient"。

▌燃料電池堆

　　爲了 FCX 概念而開發的燃料電池堆，和現行 FCX 的 86kW 相比，是 100kW 的。除此之外使用了緊湊型的尺寸，所以容積／輸出比是現行產品的一半左右。另外，正如前文中所闡述的那樣，這個電池堆的特徵在於：從前產品中橫向流動的氫和氧、現在是從上至下的垂直流動方式。如何有效地排放出發電過程中產生的水，是需要解決的課題之一，利用重力就是一種可靠且高效率的方法。本田已經擁有了在□20℃可以起動的電池堆，如果對這個電池堆不斷進行改良，那麼就可以實現和汽油引擎同樣的極低溫性能。

▌馬達

　　如上文所述，驅動採用的是前面有 1 個、後面有 2 個的 3 馬達驅動方式。如果輪胎的傳動效率很高、或是採用 4 輪驅動方式，那麼輪胎和路面之間的傳動效率也會變高。低底盤平臺、再加上低重心，透過全扭矩可以得到自由操作的操控性。

　　後面用的是輪內馬達類型，25kW 的薄型偏芯馬達和煞車一起、緊湊地配置在車輪內側那有限的空間內。在底盤上不需要配置馬達，由於可以左右獨立控制，所以也不需要差速器或是傳動軸，極大地有利於低底盤化。前面配置一個 80kW 的馬達。由於輸出軸和變速箱爲同軸，所以在實現小型化的同時，可以使車頭變短。

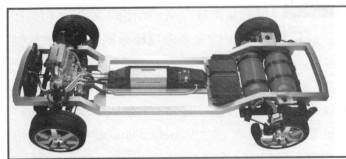

旨在實現低底板化的 FCX CONCEPT 的"V Flow F.C.平臺"。是透過以 FC 爲首的各個單元的小型化實現的。關於驅動，前面爲一個馬達、後面爲 2 個輪內馬達的 4 輪驅動。

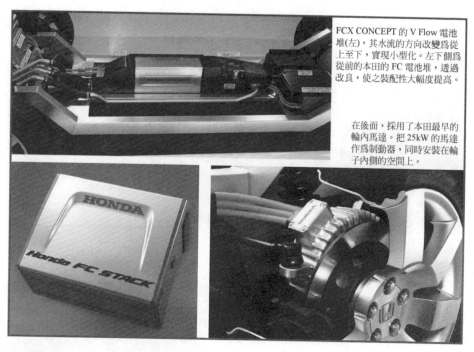

FCX CONCEPT 的 V Flow 電池堆(左)，其水流的方向改變爲從上到下，實現小型化。左下側爲從前的本田的 FC 電池堆，透過改良，使之裝配性大幅度提高。

在後面，採用了本田最早的輪內馬達。把 25kW 的馬達作爲制動器，同時安裝在輪子內側的空間上。

▌儲氫罐

　　氫的貯存方法是燃料電池車的一個很大的課題，在 FCX 概念中，用的是和豐田等採用的壓縮儲氫罐的高壓化不同的方法。這種方法中一邊使用從前的 350bar、一邊在高壓罐內置放了新開發的氫吸藏材料。雖然還不明確實際上使用了哪種吸藏材料，但是氫裝載量可以提高約 2 倍(和從前相比)、達到 5kg。這樣一來，續航距離就可以達到約 560km，可以和汽油車相匹敵。

新開發的氫氣罐。壓力和從前一樣，爲 35Mpa，在罐子內部內置了氫吸附材料，所以據說氫氣裝載量約爲從前的 2 倍。關於氫氣吸附材料的內容尚未明確。

　　在儲氫罐的開發及規格制定中，現在逐漸從 350bar 向 700bar 的方向發展，即使氣壓變成 2 倍，容量最多是 1.3 至 1.5 倍左右，容量不會成爲 2

倍這麼多。透過和氫吸藏材料一併使用，如果價格能便宜的話，那麼就是一種劃時代的產品。

和 FCX CONCEPT 一起推出的、家庭的氫氣供應裝置 HES (家用能源站)。透過天然氣製造氫氣的同時，用內置的燃料電池發電，另外，所發生的熱量也可以用於燒水。據說 FCX 的耗油量和家庭的電氣、天然氣使用成本相比，可以減少一半。

▌能量儲存

從前的 FCX 裝載了被稱為超級電容器的蓄電裝置。其不屬於電池類、而是屬於電容器類，和電池相比，優勢在於短時間內大容量的蓄電及放電。在FCX 概念中裝載的，和從前的超級電容器形狀不同，本田稱之為"能量儲存(貯存器)"。是否和鋰離子電池或是超大容量電容器等不同？還不是很明確。被裝載的產品非常緊湊，具有很高的性能，如果能被實用化的話，那麼也是一種劃時代的產品。

被稱為能源記憶體的蓄電裝置。和 FCX 從前使用的電容器不同，好像單純使用用鋰離子電池即可構成。雖然內容尚未明確，但是由於創出了劃時代的新技術，這個層面上意義深遠。

◰ 日產"X-TRAIL FCV"

日產在 2005 年東京車展中展示了燃料電池車"X-TRAIL FCV 2005 年款"。這是在 2003 年款的基礎上發展起來的，除了裝載自行生產的 FC 電池堆以及 70Mpa 的高壓罐之外，還進行了各種改良，是作為配置款展示的。

日產開始開發燃料電池車，是在豐田推出燃料電池車之後的 1996 年，不能否認落後於人，但是之後日產大跨步地進行開發，已經從 2003 年開始進行租賃銷售。

154

日產 X-TRAIL 展示的 2005 年
款型著實地完成了進化。已經
有效地實現 FC 電池堆的自產
，大幅度地提高了性能。

　　2005 年款型中有很大變化的，首先是 FC 電池堆。從前使用的是美國
UTC Fuel Cells 公司的電池堆，隨後使用的是日產自行開發的產品。日產
生產的電池堆是 90kW，和從前的電池堆相比，容積減少了約 6 成。輸出
／體積比為 1.7 倍、輸出／重量比為 2.0 倍，除了提高性能之外，耐久性
也是原來的 2 倍。這是為了實現小型和高輸出化，採用了新開發的薄型隔
板，使單元間隔變得狹窄(和從前相比為 40%)、更是進行了電池堆箱內的
配管零件的統合化、周邊控制裝置等的箱內置化等之後的結果。另外，透
過對電解質膜(由高分子材料電池堆成的離子交換膜)等主要零件的改良、
以及電池堆內的氫和空氣流通的最佳化，擴大了電池堆發電的溫度區域。
　　2005 年款型中還有一個很大的變化就是儲氫罐。新開發的 70Mpa 罐
和從前的 35Mpa 罐相比，在同樣的空間內氫容量增加了約 30%。由此續
航距離可以從 350km 延長至 500km，為提高實用性做出了貢獻。

X-TRAIL2005 年款型的
系統佈局展示。在車體
中央設置了電池堆，在
後面安裝了氫氣罐、前
面安裝了變頻器、並且
安裝了 90kW 的馬達。

這種高壓儲氫罐的外形尺寸長度為 1m，直徑為 581mm。材料是在鋁製襯墊層的外側、捲繞了幾層高強度及高彈性碳纖維，透過最佳化絲狀碳纖維的捲繞方法，實現可以抵抗 70Mpa 壓力的強度。還有，這種容器作為 70Mpa 高壓氫容器，得到了"高壓氣體保安協會"的認可。

驅動用的 2 次電池和從前一樣，使用了日產引以為榮的緊湊型鋰離子電池，沒有使用圓筒型、而是使用薄型的薄膜型單元，不僅僅是性能方面提高、也大幅度地有助於提高室內的空間的效率。每一個的尺寸為：厚度 11mm，縱橫 22×40cm，一次使用多個，重量和體積都是圓筒形電池的一半，是一種小型化產品，輸出是圓筒形電池的 1.5 倍。

馬達　變頻器　燃料電池電池堆(公司自行研發)

70MPa 高壓氫氣容器　　緊湊型鋰離子電池

使用了超薄層壓型單元的緊湊型鋰離子電池。

X-TRAIL2005 年款式的能量的流動

公司自行開發的 FC 電池堆。是從前容積的 60%，實現了小型化，輸出/體積比為 1.7 倍，輸出/重量比為 2 倍以上。

日產最新開發的 70Mpa 罐。在鋁製的襯墊層外側，纏繞著絲狀的碳纖維。

日產使用一個馬達，這是一種透過另行控制的 2 軸獲取動力的超級馬達，由於還沒有適用於 X-TRAIL FCV 的大輸出超級馬達，驅動馬達和從前一樣，是一體型減速機的同軸馬達。只是最高輸出由 85kW 提高為

90kW。大輸出的超級馬達在技
術方面也沒有很大的障礙，所
以將來有使用的可能性。

前面設置的和一體化減速器的同軸馬達。
最大輸出可以從 85kW 提高到 90kW。

X-TRAIL FCV 並不是像豐
田、本田的那種概念款型，是
正在進行評估測試的車輛。因
此，雖然沒有使用引人注目的
新技術，但是可以看出切實的
進展。當然也在進行和輪內馬達的搭配，希望鋰離子電池能有進一步的發
展。

⬛ 大發“Tanto FCHV”

大發在 2005 年東京車展上展出的燃料電池車，是以小型汽車 Tanto
為基礎的 Tanto FCHV。大發在 1999 年以 MOVE 為基礎推出了改質方式
燃料電池車，其後又使用高壓氫方式推進開發，2003 年 1 月，作為小型汽
車最早的燃料電池車獲取了國土交通大臣的認定，同年 2 月開始公路行駛
測試。然後 2004 年 6 月開始向大阪府出租。

能量監視器

大發是 MOVE 的發展型，推出了
Tanto FCHV。大幅度改變了系統
的車用佈局，確保了室內空間。

作為從前 MOVE FCV-K-2 的發展型，就是 2005 年的 TantoFCHV，對
兩者進行比較的話，則各單元的配置上有著很大的改變。MOVE 當中，FC
電池堆配置在後排車座後面、電池配置在前排車座下面，Tanto 當中對此

進行調換，把 FC 電池堆放在前排下面。另外，MOVE 當中，把動力控制單元分開配置在後排後面和引擎蓋內側這 2 處，在 Tanto 當中，全部集中在引擎蓋內側這一處。儲氫罐還是配置在後排下側，這個沒有變化。

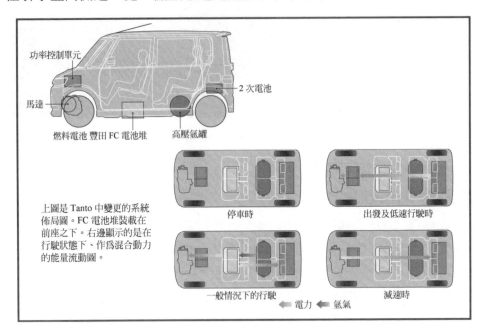

功率控制單元

馬達

燃料電池 豐田 FC 電池堆　高壓氫罐

2 次電池

上圖是 Tanto 中變更的系統佈局圖。FC 電池堆裝載在前座之下。右邊顯示的是在行駛狀態下，作為混合動力的能量流動圖。

停車時

出發及低速行駛時

一般情況下的行駛

減速時

◀━ 電力　◀━ 氫氣

由於是豐田集團旗下的大發，所以 FC 電池堆是豐田生產的，系統也採用了使用電池的混合動力方式。FC 電池堆的輸出還是 30kW，和從前一樣。馬達也採用了交流同步型，輸出是 32kW，也沒有變化。由於動力是透過 CVT 傳遞給輪胎的，所以可以提高行駛性能、實現煞車時的能量再生的高效率化，這些特點也和從前一樣。

儲氫罐是 35Mpa，從前的是 25Mpa，還是一般的水準。容量有著若干增加，儘管如此，續航距離仍只有 160km，作為小型汽車而言，還是有些短。還有，電池不是鋰離子、而是鎳氫電池。

MOVE 當中，感覺燃料電池系統的各種裝置很大地壓迫了室內空間，Tanto 在謀求裝置緊湊化的同時，採用了更加廣闊的室內空間設計，得以在 4 位成年人乘坐時也會感覺寬敞的效果。另外，前照燈使用的是 LED，以便節省電力，同時還使用了顯示混合動力工作情況的能量顯示器等，為了使用方便而做出各種考慮。

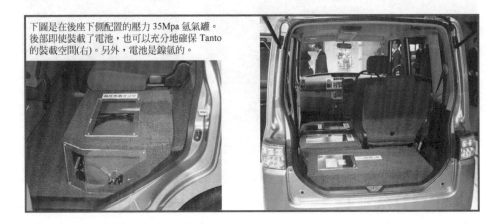

下圖是在後座下側配置的壓力 35Mpa 氫氣罐。後部即使裝載了電池，也可以充分地確保 Tanto 的裝載空間(右)。另外，電池是鎳氫的。

鈴木"IONIS"

在每一次的東京車展上都展出燃料電池車的鈴木，2005 年參考展出了小型汽車 IONIS。IONIS 的目標在於"凝集外表的美觀造型、窮極內部卓越的功能，是第一等的小型汽車"，並不是為了誇耀燃料電池車本身的技術水準，應該可以說是：由於是燃料電池車、所以提出了更加活化設計自由度的車輛製造方案。因此，關於 IONIS 的燃料電池系統本身，幾乎沒有被發表。但是，鈴木透過 Wagon R-FCV 參加了 JHFC(氫－燃料電池實證專案)，在燃料電池系統方面，裝載的是幾乎沿襲的從前的產品。

在這種情況下進行確認，發現燃料電池系統理所當然地是 GM 集團開發的。透過 GM 的燃料電池系統進行發電的電力，在鈴木開發的馬達上作為 FF 行駛。由於是 GM 的系統，所以無需驅動用電池。也就是說雖然不是混合動力方式，但也其簡便之處。氫是壓縮氫，裝載了 4 只 70Mpa 的高壓氣瓶。為什麼要使用 4 只？是因為高壓氣瓶和 FC 電池堆一起都是收納在底盤之下的，由於是平坦的，所以可以得到廣闊的室內空間。

燃料電池的最大輸出為 50kW，馬達使用了 33kW，關於續航距離，針對 Wagon R 的 130km，可以得到接近汽油車的水準。這是因為提高了儲氫罐的壓力、以及把裝載數從 2 只增加為 4 只。

GM 的燃料電池系統中使用了發電的電氣裝置、使用鈴木開發的馬達，雖然作為 FF 車行駛，卻是 IONIS 型的。擁有只有燃料電池車才有的室內空間和座位安排、是一種值得驕傲的建議型概念車型。

　　GM 的燃料電池車曾經這樣做過：在駕駛作業系統中透過線控改變駕駛車座置，把前排一側移到後方，可以在車輛中央進行駕駛。另外，其他車座也可以有 4 種變化。採用了左右的門前後滑動打開的電動推拉門。擁有大型畫面的儀表板，是追求 HMI(人機界面)思想的、易於觀察、易於操作的產品。

電動推拉門可以在前後自動打開，而且打開幅度很大。上下車時感覺時尚舒暢，並且有開放感。

使用線控技術，駕駛者座位可以從右邊移動到中間。儀表板畫面是和武藏野美術大學合作的產物。

把 FC 系統放置在底板下的平臺。左邊是燃料電池車，右邊是汽油引擎車的範例，以供使用。但是，為了把 FC 系統放置在底板下，就必須使用 4 只氫氣罐，這是一個難題。

梅賽德斯・賓士"F600 HY GENIUS"

2005 年東京車展上，戴姆勒-克萊斯勒集團(Daimler-Chrysler)展示的燃料電池車"F600 HYGENIUS"，是被稱之爲 Research 技術的車型，這是比概念款型更加現實的款型。正因爲如此，面對當今和未來的多種技術不勝枚舉。這是一種緊湊型的、室內廣闊，舒適及多目的性優良的轎車。

首先關於燃料電池方面，和此公司從前產品相比，實現了體積爲從前產品 40％的小型化燃料電池，也實現了提高效率。另外，特別值得提出的是，低溫起動性的大幅度提高。這是因爲向新設計的燃料電池堆供應空氣的電動渦輪增壓器，採用了全新的加濕及除濕系統。電動渦輪增壓器代替了從前的螺旋型增壓器，尺寸降低爲從前的三分之一，重量降低爲從前的七分之一，噪音也隨之降低。新的 FC 電池堆使用新開發的塑膠薄膜，其特徵是所需的水分非常少、高度的水質管理可以在□25℃的低溫下起動。本田曾經以□20℃爲榮，但是 F600 達到了更低的溫度。

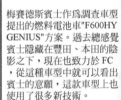

梅賽德斯賓士作爲調查車型提出的燃料電池車"F600HY GENIUS"方案。過去總感覺賓士隱藏在豐田、本田的陰影之下，現在也致力於 FC，從這種車型中就可以看出賓士的意願，這款車型上也使用了很多新技術。

燃料電池系統的最高輸出是 60kW，最大扭矩是 250Nm，加上電池的輸出之後，作爲 F600HYGENIUS 的最高輸出是 85kW，最大扭矩是 350Nm。還有，在驅動用電池方面，初次使用了現在具有最高性能的鋰離子電池。連續駕駛時的輸出爲 30kW，節汽門最大時的最高輸出是 55kW，這種輸出是從前鎳氫電池的 2 倍以上。F600 採用的是混合動力方式，可以根據行駛狀態，選擇使用這種電池電力和燃料電池電力中的最佳電源。

F600 的儀表板。這款車型頗具匠心,只用少數幾個按鍵、
開關,就可以頻繁地操作傳動裝置、導航系統、音響系統
等。顯示器使用的是可以減輕眼睛的焦點調節反應的虛擬
顯示器,顯示出來的畫面讓人感覺儀表很遠。

可以伸展到車頂為止的廣角玻璃面給人以開放的感覺。
另外,縮短了引擎蓋、降低了腰線、擴大了車窗,由
此可以更加強調這種玻璃面。

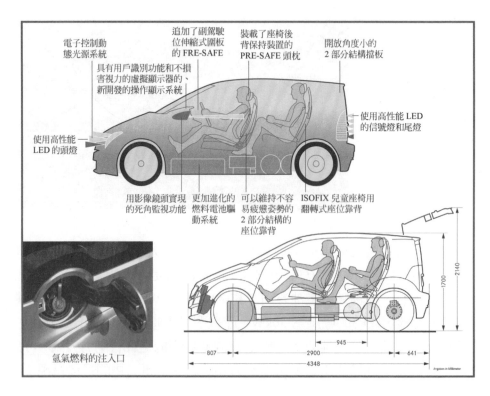

電子控制動
態光源系統

追加了副駕駛
位伸縮式圍板
的 FRE-SAFE

裝載了座椅後
背保持裝置的
PRE-SAFE 頭枕

開放角度小的
2 部分結構擋板

具有用戶識別功能和不損
害視力的虛擬顯示器的、
新開發的操作顯示系統

使用高性能
LED 的頭燈

使用高性能 LED
的信號燈和尾燈

用影像鏡頭實現
的死角監視功能

更加進化的
燃料電池驅
動系統

可以維持不容
易疲憊姿勢的
2 部分結構的
座位靠背

ISOFIX 兒童座椅用
翻轉式座位靠背

氫氣燃料的注入口

807   2900   945   641
4348

1700   2140

Angaben in Millimeter

新開發的高壓儲氫罐為 700bar，容量為 4kg。罐容量、貯存壓力全部都是 A 級 "F-Cell" 的 2 倍，續航距離在 400km 以上。另外，新開發的馬達是常時同步交流馬達，即所謂的 DC 無刷馬達。最高輸

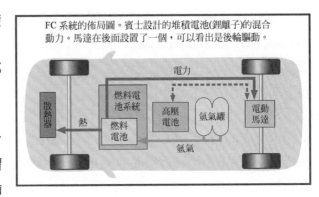

FC 系統的佈局圖。賓士設計的堆積電池(鋰離子)的混合動力。馬達在後面設置了一個，可以看出是後輪驅動。

出為 85kW，產生最大扭矩 350Nm。其最高速度可達到 170km/h。當然這種馬達也具有發電機的功能，煞車時透過能量再生給電池充電。另外，儲氫罐中把驅動單元和高電壓電池緊湊地放置在乘客單元下側，除此之外馬達也內置在後輪軸當中。

關於 F600 HYGENIUS 的燃料電池車，在此僅僅介紹一個概念。這就是作為移動型發電站的功能。66kW 的輸出，可以充分保證好幾戶單門獨戶式住宅的電力。用於防止飲料的冷卻或是過熱的杯架就是其中的一個範例，用燃料電池的電力作為一般電壓的

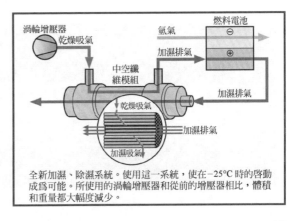

全新加濕、除濕系統。使用這一系統，使在 -25°C 時的啟動成為可能。所使用的渦輪增壓器和從前的增壓器相比，體積和重量都大幅度減少。

電源，在這種情況下可以使用電氣產品或是個人電腦等的商務工具。不僅僅是可以用於連接尾板的插座，也是有助於家庭旅遊、出差等的系統。

除此之外，F600 還注入了多種新技術概念，其中還有近來的梅賽德斯 (Mercedes) 所採用的技術。另外，這個公司目標在於 2012 年至 2015 年期間，真正地把燃料電池車投入市場，F600 是具有被定位為很重要的車輛。

◨ 通用汽車 "Sequel"

通用汽車(GM)最新的燃料電池車是 Sequel。在 2005 年 1 月的底特律展上推出，在 2005 年的東京車展上，在日本首次公開。

GM 以 Opel Zafira(歐寶賽飛利)為基礎，反覆對燃料電池車
"Hydrogen3"進行了驗證測試，另外，推出了"Autonomy"及"Highwire"這種
概念車。Sequel 使用了這些概念車中展示的技術，同時作為更加接近現實
的市面車型的燃料電池車登場。

　　Sequel 上使用了"把系統收納在底盤下的方式"的底盤，其被稱為概念
車顯示方向的滑板。FC 電池堆以及發電模組(處理氫和氧的子系統、冷卻
系統、高電壓配電系統)和從前的相比，大幅度簡化，也提高了效率。值得
注意的是，從前 GM 對使用驅動用電池的混合動力方式關心得很少，但是
在 Sequel 中，採用了裝備著鋰離子電池的混合動力方式。這種電池系統在
煞車時，把再生的能量作為電氣進行儲存，在提高效率的同時，也對延長
續航距離做出來貢獻。還有，這種鋰離子電池是法國 SAFT 公司的產品，
最高輸出 65kW，重量 65kg。

2005 年底特律車展上推
出的最新燃料電池車
Sequel。前面有 1 個、
後面有 2 個輪內馬達的
4 輪驅動。使用了早早
就著手開發的線控技術
、得到敏銳的反應和正
確的操縱性。

　　GM 在燃料電池車的開發過程中，嘗試了甲醇改質、氫吸藏合金、汽
油改質、液氫等多種方式，現在不斷進行驗證測試的 Hydrogen3 也採用了
液氫方式，Sequel 當中，採用的是不斷佔據大勢的高壓氫方式。這種高壓
罐是和美國的 Quantum Technology 公司共同開發的、碳複合材料生產的(東
麗的原材料)70Mpa 罐。由於裝載了 3 只這樣的罐，所以得到 Hydrogen3
裝載量約 2 倍的 8kg 氫燃料量。據此，透過採用混合動力方式，提高了效
率，續航距離也延長為 300 英哩(480km)，比從前車型大幅度地增加。

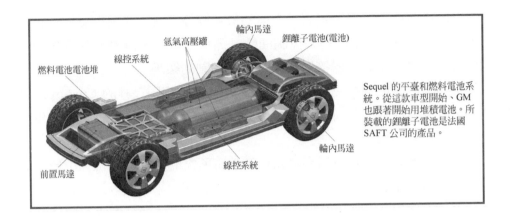

線控系統　氫氣高壓罐　輪內馬達　鋰離子電池(電池)

燃料電池電池堆

Sequel 的平臺和燃料電池系統。從這款車型開始、GM 也跟著開始用堆積電池。所裝載的鋰離子電池是法國 SAFT 公司的產品。

前置馬達　線控系統　輪內馬達

　　Sequel 的驅動系統是 4 輪扭矩控制的 AWD(全輪驅動，這種情況下爲 4 輪驅動)。前輪是依靠安裝在傳動軸上的、一個 60kW 的 3 相馬達驅動的，後輪使用了 2 個 25kW 的 3 相的車輪轂馬達、也就是輪內馬達。

　　這就意味著不需要差速器和傳動軸。最高輸出合起來有 110kW。各個後輪上，各設置了 1 個傳動效率高的車輪轂馬達，開始加速的扭矩增加 42％，加速性能大幅度提高。據說 0~60mph(0~96km/h)加速縮短爲從前車型(有無電池輔助不同，約 12~16 秒)的一半(不足 10 秒)。

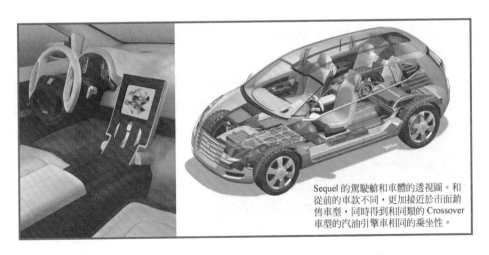

Sequel 的駕駛艙和車體的透視圖。和從前的車款不同，更加接近於市面銷售車型，同時得到和同類的 Crossover 車型的汽油引擎車相同的乘坐性。

Sequel 還採用了概念車表示方向的最新線控系統。使用電氣信號和制動器(作功馬達)，使用線控來控制油門、煞車、轉向、減震器等系統，得到敏銳的反應和正確的操控性，同時倍增駕駛的樂趣。

Sequel 是和凱迪拉克(Cadillac)SRX 具有幾乎相同尺寸的 Crossover 車型，之所以可以得到和同種汽油引擎車同樣的行駛性和居住性，是強化系統和緊湊化的結果。

關於其外觀，也有可以滿足燃料電池車所需的要點的特徵。位於前面中央的大護柵和前照燈下的 2 個進汽用護柵，向 3 個大容量水箱提供空氣。FC 電池堆的其他動力電子和前置馬達也可以透過這個水箱冷卻。車輛後部也設置了進汽口，這是冷卻後車輪內馬達和電池組的外氣導入口。還有，前照燈用的是能力消耗少、散熱也少的 LED。LED 也在部分尾燈中使用。

GM 的目標是在 2010 年之前驗證和設計出耐久性和性能方面可以和現在的內燃機相匹敵的燃料電池推進系統，最終以合理的價格進行量產。

3.電動汽車(EV)的動向

三菱"Lancer Evolution(中文名稱為：藍瑟翼豪陸神) MIEV"

所謂"MIEV＝MiEV"，是由"Mitsubishi In-wheel motor Electric Vehicle"演變而來的名稱，這是三菱汽車提出的一種嶄新風貌的、下一代電動汽車及其技術的總稱。這種技術的核心是可以緊湊地配置驅動系統的輪內馬達、以及能量密度程度高、壽命等性能方面佔據優勢的鋰離子電池。

MIEV 的第 2 炮"Lancer Evolution(藍瑟翼豪陸神)MIEV"。在普通的 EV IX 中，在引擎蓋上有抽出冷卻氣體的孔。但是在 EV 中被堵住了。

第 1 台車是 2005 年 5 月推出的 Colt EV。此 EV 以前輪驅動的 Colt 為基礎，捨棄了汽油引擎、裝載了鋰離子電池，是一種左右後輪上分別裝載了最高輸出 20kW 的輪內馬達的後輪驅動車。

作爲第 2 炮，MIEV 的技術不僅僅作用在環境方面，更和三菱所昭示的個性之一：運動形象相融合，可以實現嶄新的駕駛樂趣的車輛"Lancer Evolution MIEV"登場了。基於運動款的 Lancer Evolution，可以看出對車輛進行了 EV 化，是一款使人感覺到新時代運動特性的車輛。

▌輪內馬達

關於 MIEV 的核心技術：輪內馬達，馬達內置在車輪的內側空間，並沒有使用傳動裝置、傳動軸、差速器這些大量佔據空間的動力傳動機械裝置，各個車輪可以直接地、極爲細緻地獨立控制驅動力和控制動力。另外，由於驅動部分置於車輪內，所以優點是可以飛躍性地提高車輛配置的自由度。

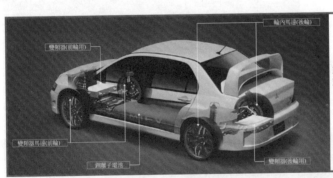

Lancer Evolution(藍瑟翼豪陸神) MIEV 的截面圖。雖然是 4WD，但是和 EV IX 一樣，在各個車輛上都安裝了輪內馬達。

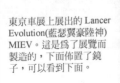

東京車展上展出的 Lancer Evolution(藍瑟翼豪陸神) MIEV。這是爲了展覽而製造的，下面佈置了鏡子，可以看到下面。

EV 系統本身不一定非要使用很大的空間，很容易發展成為以 EV 為基礎的混合動力車或是燃料電池車。進一步說，如若發展成燃料電池車時，很容易確保燃料電池堆或是氫燃料罐等的裝載空間，使提高車輛配置的自由度成為可能。

　　Lancer Evolution MIEV 的輪內馬達，被裝載在 20 英吋的大直徑的車輪內側。每 1 個的最大輸出是 50kW，最大扭矩是 518Nm，把這些值各自分配給 4 個車輪，則最高輸出可以達到 200kW(270ps)。而且，如果可以充分利用單獨地、細緻地控制 4 個車輪的輸出這一優點的話，經過不斷演進，有可能實現應該說是終極的 "S-AWC(Super All Wheel Control)" 的高維車輛運動控制。

展示了輪內馬達結構的分解圖。為了得到較大的扭矩、並且為了放寬內側空間，採用了外部轉子的形式。可以看出其中裝載了通氣碟式剎車。

　　Lancer Evolution 的標準車輪是 17 或是 18 英吋，與此相對應，MIEV 使用 20 英吋的大直徑車輪，這是為了盡可能地裝載大直徑的馬達。馬達在 Colt EV 中使用的是普通的內置轉子，但是這一車型中使用了外置轉子的類型。如果轉子直徑變得夠大，就可以得到很大的扭矩，如果要由很小

的直徑得到很大的扭矩、就必須要有減速裝置，這樣一來，好不容易得到的輪內的優點、就會被抹殺。Lancer Evolution MIEV 為了得到所需的扭矩，所以必須使用 20 英吋的大直徑車輪。

　　由於輪內馬達會導致彈簧下的重量增加，雖然在接地性或是乘坐感方面是負面因素，但對減速機卻是有利。

在 Lancer Evolution MIEV 的引擎蓋內、代替引擎裝載了變頻器。這樣一來，就可以向馬達送出 3 相的交流電。即使是這樣，由於只有變頻器，所以引擎蓋內部還是空空蕩蕩的。

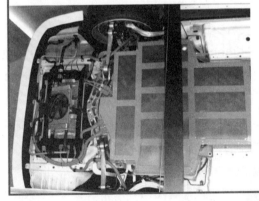

從車展中車輛下面的鏡子中映射的 Lancer Evolution MIEV 的下面部分。右邊為前部、左邊為後部。可以看到從前部的變頻器到馬達的配線。也可以看到在車輛中央配置了鋰離子電池。能看出來後部是特別集中的。

　　還有，一般情況下馬達的轉子多置於定子的內側，但是配置在外側的話，從原理方面來講，也完全沒有問題，為了得到很大的扭矩，宜於使用外置轉子的類型。另外，外置轉子是中空的圓環狀的，也具有易於配置煞車等的優點。

三菱開發的鋰離子電池。三菱為了把鋰離子電池運用在實用方面，參加了"L Square Project"。

▌鋰離子電池

最近 EV 行業之所以充滿了生機,鋰離子電池產生了很大的作用。之前被視為 EV 弱點的續航距離的問題,透過能量密度及壽命等性能高的鋰離子電池,逐漸得以解決,MIEV 也在主電源中得以使用。三菱已經在「三菱 HEV」「FTO-EV」「Eclipse EV」以及「Colt EV」等上裝載了鋰離子電池,透過反覆地快速充電和開足馬力行駛、實施 24 時間連續行駛測試、以及透過獲取牌照的實用測試等,確認了性能。如果使用快速充電設備進行充電,僅用 20 分鐘,從這一點來看,已經和實用化相當接近了。

由於鋰離子電池被廣闊地配置在從車輛中央直至後座底盤下,所以室內空間沒有壓迫感。取消了引擎蓋內的引擎、取而代之的是前輪用的變流器,和引擎相比,容積縮小了很多,留下了充裕的空間。行李箱內放置了用於後輪的變流器,但是這也不會佔領行李箱空間。

▌性能和今後的推演

車輛重量比普通的 Lancer Evolution 約重 140kg、有 1590kg,由於使用最高輸出為 200kW 的馬達,所以最高速度達到 180km/h。續航距離、也就是 1 次充電可以行駛的距離為 10・15mode、對外公開的為 250km,在實際用途中也會超過 200km。Lancer Evolution MIEV 已經獲得了充電牌照,正在不斷地進行各種條件下的測試,包括公路行駛在內。

但是,三菱最初預定推到市場的 MIEV,是 2005 年東京車展上作為參考展出的「i」。最初用的是 3 個氣筒串聯的 MIVEC 汽油引擎,然後把其置換為輪內馬達和鋰離子電池,準備在早於 2010 年的時期開始發售。

另外,除了使用家庭中的夜間電力進行充電之外,還必須準備類似快速充電設備這種基本設施。為此,約有 600 個店鋪的、三菱的所有經銷商已經準備好了快速充電設備,除此之外如果加上速霸陸(Subaru)的經銷商,則可以確保有 1000 個地點。進一步說,與此相呼應的高速道路伺服器等如果也準備了快速充電設備的話,那麼不僅僅是「i」MIEV,可以長距離駕駛的 Lancer Evolution MIEV 這種車型,也可以在 EV 的銷售中,找到自己的道路。今後 MIEV 技術的進展情況、周圍的環境、配備基本設施的進展情況備受矚目。

速霸陸(Subaru) 「R1e」

概要

　　2005 年 9 月，富士重工業和東京電力宣佈共同開發電動汽車。宣佈的內容是，以富士重工業正在進行開發的"速霸陸(Subaru) 「R1e」爲基礎、設計並生產 10 台試樣車，獲得牌照之後，活用在東京電力的實際業務上，花費一年時間，驗證在實際領域中的性能以及經濟性。

　　說起來 R1e 還是在推出 R1 之前、在 2003 年的東京車展上作爲概念車出現的，和東京電力的共同開發，突然帶出了實用化的現實意味，因此受到了關注。

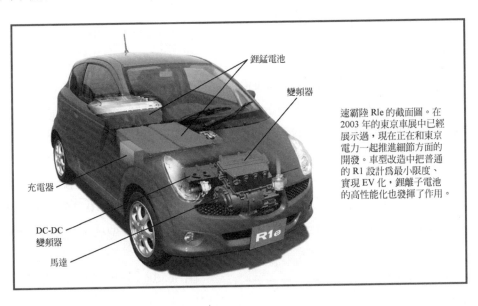

鋰錳電池
變頻器
充電器
DC-DC變頻器
馬達

速霸陸 R1e 的截面圖。在 2003 年的東京車展中已經展示過，現在正在和東京電力一起推進細節方面的開發。車型改造中把普通的 R1 設計爲最小限度、實現 EV 化，鋰離子電池的高性能化也發揮了作用。

　　這種 R1e 作爲 EV 而言，是極爲正統的創造，結構中僅僅把汽油引擎變成了電池和馬達。可以說幾乎沒有新結構。這是因爲公司明白如果把輪內馬達、或是爲了裝載系統而進行的車體結構變更等，視爲作爲 EV 理想化創造方法的話，會有很大的優點，首先在不花費成本的前提下，使用現存的東西進行 EV 化，盡可能地用便宜的價格推出市場、以求擴大化

　　如果市場擴大的話，那麼成本就會降低，發展成爲更加眞正的 EV。過去因爲電池性能的關係而遲遲不能被普及的 EV，由於鋰離子電池的出

透過和東京電力的共同開發、不斷整備著充電相關的基礎設施，相對應的車型預計都會在市面銷售。價格一開始為 200 萬日元左右，如果電池價格下調的話，那麼可以降低到 150 萬日元。

現導致性能提高，根據不同的使用用途，充分發揮 EV 優點的時代已經來臨。可以說現在已經逐漸出現了 EV 發展的苗頭。

市場銷售時的目標價格為 200 萬日元，但是如果真正普及的話，那麼 150 萬日元也絕不會只是一個夢想。這樣的價格可能感覺有些高，但是由於 10 日元可以行駛 10km，所以在幾年內就可以賺得回來。如果換算為汽油的話，相當於一升汽油可以跑 130km。

▌技術

首先，R1e 是由速霸陸(Subaru)(富士重工業)製作的。關鍵的鋰離子電池是富士重工業和 NEC 的合資公司"NEC Lamilion Energy"的產品。這種鋰離子電池曾經被用於 Legacy 的混合動力等中，後來發展成為用於 R1e 的產品。值得特書的是被稱為"Lamilion 電池"的這種錳系鋰離子電池(正極使用錳)，可以快速充電。如果使用專用的快速充電器，5 分鐘就可以充好 90％的電。而且，即使反覆地進行快速充電，壽命也長達 10~15 年，和車輛的壽命相同。這些都顯示出東京電力充分瞭解商務車型所要求的規格條件。

速霸陸 R1e 的引擎蓋內側。變頻器放置在中央部分。配線的軟線從電池側進入，在馬達側可以用 3 相輸出。

由於馬達的最高輸出是 40kW(54PS)，雖然不需用到渦輪引擎，但需要 NA 引擎以上的動力。要達到最高速度 120km/h 時，雖然不需要這麼高的動力，但由於馬達的性質是低速扭矩的，所以加速速度需要超過汽油車。所有的 EV 都具有這樣的特性：由於是低速扭矩的，所以適於街道中的行駛。

　　調查在購物等普通情況下，小型汽車的平日使用情況，發現大多數人
1 天的行駛距離在 30km 左右，多的話也不會超過 100km。這樣的話，現
在約 100km 的續航距離，也可以充分地滿足需求。如果 EV 就此普及、成
本下降的話，那麼緊接著出現的就會是續航距離長、具有高性能的 EV。
並且，不久的將來在備齊了基本設施的同時，就會發展成可以長距離行駛
的 EV。R1e 可以說是這一系列發展的第一步。速霸陸(Subaru)、東京電力、
加上 NEC Lamilion Energy 的協同，R1e 可以期待更加腳踏實地的發展。

日產"PIVO"

特點

　　EV 的「PIVO＝PiVO」，就是提出對車輛進行電動化的話，就「可以
實現如此這般的夢想」之建議的概念車型。以 User Friendly 為基本概念，
具體表現生活在城市的年輕女性們「我想擁有這樣的車輛」的夢想。

　　最大的特點是可以前後改變駕駛室的方向。確實，苦於倒車行駛的女
性駕駛者實在太多了。由於這款車型前後是勻稱的，所以即使駕駛室旋轉
180 度，也可以在絲毫不改變車輛感覺的情況下進行駕駛。日產曾經銷售
過小型汽車尺寸 EV 的 Hypermini，這款車型也是把用於通勤作為使用的
前提。

日產 PIVO 中獨一無二的 EV。其外觀
風格也是獨一無二的，駕駛室可以前
後旋轉，這種想法很有意思。

全長爲 2700mm，車型緊湊、可以乘坐 3 人。駕駛者坐在駕駛室中央的前方，兩腋後方是乘客席。透過 4 輪驅動、4 輪操控可以輕鬆地在狹窄道路或是停車場上行駛。另外，由於具有環保概念，所以載入了很多可以輕鬆、快樂駕駛的創新技術。

▌技術

EV 的核心是電池，PIVO 使用了日產引以爲榮的 "緊湊型・鋰離子電池"。這是一種薄型的薄膜單元，和從前的圓筒形單元相比，可以大幅度地節省空間，提高包裝的效率。並且還在前後使用了日產特有技術"超級馬達"。1 個馬達可以提供左右 2 個軸的動力，而且可以左右獨立地控制。如果對 4 個車輪進行獨立控制的話，那麼需要 4 個普通馬達，但由於使用了超級馬達，所以 2 個就夠了。如果是 4 輪驅動的話，由於是馬達的獨立控制、則不需要任何的差速器結構。這也會對緊湊型的包裝化做出貢獻。

左邊是 PIVO 的駕駛室橫向打開的情況。右邊是駕駛室的中間。座位有 3 個，駕駛者座位在前面的中央，還有 2 個座位在其後側。

所謂可以前後改變方向的駕駛室，只有"線控"這種技術才能實現。線控的"線"所要展示的含義，不是指節汽門電纜這種加入了機械力的線纜，意味的是電線、也就是電氣信號。總之，油門原本是 EV，所以是電氣的，把轉向、煞車、其他配管、軸、電纜等機械的動作置換爲電氣信號的技術就是線控。根據這種技術，可以分離駕駛室和平臺，實現駕駛室的旋轉。

線控技術可以擴展設計車輛時的自由度，得到多種可能性。除了可以自由地配置轉向或是煞車等的操作裝置之外，更因爲精密的控制、可實現心情舒暢的駕駛願望，透過減少作業系統中機械零件的個數，可以實現輕型化，由於不需要流控類元件，所以提高了維修性，優點很多。

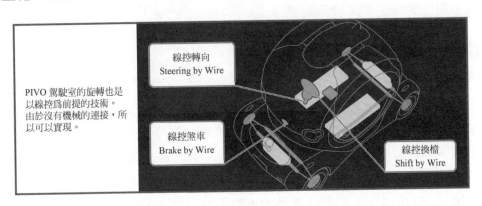

PIVO 駕駛室的旋轉也是以線控爲前提的技術。由於沒有機械的連接，所以可以實現。

線控轉向
Steering by Wire

線控煞車
Brake by Wire

線控換檔
Shift by Wire

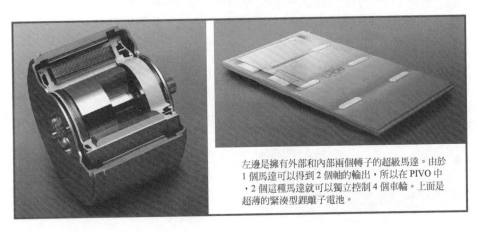

左邊是擁有外部和內部兩個轉子的超級馬達。由於1 個馬達可以得到 2 個軸的輸出，所以在 PIVO 中，2 個這種馬達就可以獨立控制 4 個車輪。上面是超薄的緊湊型鋰離子電池。

　　爲了能夠看得到難以看到的部分，這款車型嘗試使用了"透視立柱"和"全方位顯示器"。所謂透視立柱，就是適當地透過立柱，把看不到的外部景色，透過內置在立柱當中的鏡頭中的影像、轉換爲駕駛者的視點中可以看到的影像，並且映對在車內內側立柱中設置的顯示器上，恰似在立柱上空出了一面窗戶，是一種很有意思的想法。所謂全方位顯示器，是一種可以顯示出車輛周圍 360 度的情況，消滅死角的系統。透過影像處理，恰似俯瞰自己的車輛一樣，可以確認狀態。

另外，還裝備了"IR Commander"，可以讓雙手不離開轉向，就可以進行導航以及音響德操作，還有"水平顯示器"，可以讓駕駛者的視線移動為最小限度的情況下，獲取資訊。

慶應義塾大學「ELIICA」

項目的概要

在慶應義塾大學電動汽車研究室當中，以民間企業為後盾，進行著產學合作項目「ELIICA 專案」，這是以開發和普及新型電動汽車為目的大型專案。在這個項目中孕育出了「ELIICA＝Eliica(艾利卡)」。車名是從「Electric Li-ion battery Car」的拼法中得到的。由於從 2004 年的第 38 界開始、已經可以在汽車廠家之外的東京車展上展示，所以參加了 2004 年、2005 年的展覽。另外，由於和展覽相關的準備、會展期間的運營全部都是透過學生們的手完成的，這一點也受到了關注。

在 2005 年 6 月取得登錄牌照，正在進行公路測試的 Eliica。這種類型當然是 8 輪的，在城市行駛中大放異彩。

Eliica 的開發中，車體概念、規格、和設計決策是由慶應義塾大學進行的，車體製作和評估是由大學和贊助企業共同完成的。因此，有很多學生參加了 Eliica 的開發，帶頭的是這所大學的吉田博一教授和清水浩教授。

另外，和 Eliica 專案之間有著密不可分的關係的，就是 L Square 專案。這個項目研究的是如何使 Eliica 中不可或缺的鋰離子電池實用化，各個領域中使用和生產鋰離子電池的企業相互之間深層合作、共同研究，慶應義塾大學起的是協調作用。

還有，雖然原則上是"一個行業對應一個企業"，但是汽車廠家中的三菱汽車工業也參加進來。另外，為了專案的順利進展，透過"電力貯存用鋰離子電池單元的標準化"這樣的標語，得到了文部科學省(Ministry of Education, Culture, Sports, Science and Technology，英文簡稱 MEXT，是日本中央政府行政機關之一)給出的科學技術振興調整費,其代表就是吉田博一教授。

▌車輛

Eliica 在 2005 年東京車展上展出了記錄挑戰車和公路實驗車這 2 款。基本的結構是擁有鋰離子電池和輪內馬達的 8 輪車。兩者有以上的相同之處,記錄挑戰車的乘客定額是 2 名,裝備了更加強勁的馬達和電池,是一款最高速度實際可以達到 370km/h 的超高性能車型。

公路實驗車要比記錄挑戰車溫順,即便如此其乘客定額爲 4 名、最高速度達到 190km/h,0~100km/h 加速 4.5 秒,一次充電的行駛距離也達到 300km,具有作爲 EV 的高性能。2005 年 6 月獲得了登錄牌照,也開始了公路測試。

說到車輛的特點,應該說是 8 輪車。Eliica 是以市面銷售爲前提的項目,現在的車輛被定位爲市面銷售車型的雛形。

挑戰記錄用的 Eliica。值得驕傲的是,它可以透過更強力的馬達和電池得到的最高速度爲 370km/h。這種車款的加速度也是非常厲害的。

據說市面銷售的車型也會是 8 輪車。8 輪車有優點和缺點。首先的缺點是不管怎麼說都增加了零件數量，變得複雜、操控的車輪數量增多。爲此價格變高。但是，研究室好像覺得這是很大的一個優點。

前後 2 輪的減振器，是裝載了油壓電路的"直列車輪懸掛"。

這是因爲 8 輪可以使舒適的乘坐感以及行駛穩定性達到更高的水準。無論對 4 輪車怎麼樣下工夫、也不能大幅度提高，但是 8 輪就可以很容易地大幅度提高這些性能。當然，8 輪和路面接觸的接地面積增加，抓地限界變高，EV 那種強勁的低速扭矩可以很好地傳遞到路面。但是，EV 並不一定非要製成 8 輪車。

Eliica 的後視。空氣阻力係數非常小，在第二代的模型中爲了擴大車內空間，預計會改變設計。但是希望盡可能在不改變阻力係數的基礎上完成新設計。

一開始 Eliica 的目標就不是廉價的 EV，而是構想成爲一種 EV 的旗艦車，想法是即便在某種程度上提高了成本，卻可以得到更好的商品。低價格的普及型 EV，如果可以透過被稱爲"城市通勤者"的另外一種途徑進行的話，那麼簡單地下個結論：公司力圖藉著這款 Eliica、逐漸開發出低成本的 EV，並且進行普及。

8 輪透過"串聯車輪懸架"，使第 1 個軸和第 2 個軸的車輪聯動。由於連接了減震器的油壓電路，所以使用這個系統，可以產生提高乘坐感、提高轉彎性能等的效果。懸架形式爲全輪單橫臂式。另外，旋回中心可以是 3 軸、4 軸，最大進行 8 軸操控。

輪內馬達是由馬達本身和減速齒輪、轂、軸承和煞車電池堆成的，雖然提高了效率，但彈簧下重量增加，帶來了負面效果，由於下工夫使用了懸架方式，所以實用上的缺點並不大。實際上，據說乘坐 Eliica 的乘客，沒有人覺得乘坐感或是接地性不好的。清水教授認爲，這方面雖然不能算是得分點、但是可以及格。

車架使用了"合成內置車架"，是最近燃料電池車中多被採用的方式。也就是說，這是一種在底盤下設置的厚度 15cm 的中空空間中，裝載了電池、變流器等主要零件的車架結構。可以擴大車體上可以有效可能的空間、並且降低重心。

現在正在進行的第二階段的原型車計畫，目標是把乘車室進一步擴

第二代的模型。正在研究擁有包圍了車內的帶狀 Oval 顯示器、命名爲"Moodhumaa"的概念車。

大化，在實現這個目標的同時，還需要維持這款車型的特點：保證較低的風阻係數。另外，馬達的目標是在高速旋轉的低負荷時、減少鐵芯損耗等。

關於市面銷售的計畫，想要在其後的第 3 階段中實現。在市面銷售之際，現在 FRP 的車身應該使用碳纖維或是鋁材。

關於鋰離子電池，即便不是得分點、起碼也能及格。由於現在不能眼睜睜地等著得分點實現了之後再前進，先從及格點開始普及，在這個過程中盡可能地向得分點靠攏，這就是 L Square 專案的基本方案。爲此，對於現在各個產業或是同一行業中、運用不同標準生產的鋰離子電池，需要創造合適的環境，使其在標準化下實現量產，並且得到普及。

Eliica 項目和鋰離子電池的普及緊密相連，不斷奮勇前行。

4.輪胎廠家實施的輪內馬達開發

普利司通(Bridgestone)動態減震型輪內馬達系統

擁有很多優點的輪內馬達方式，被用在燃料電池車及電動汽車上，但是如果使用輪內馬達方式的話，那麼馬達的重量加在了彈簧下，使彈簧下重量增加，這是一個缺點。

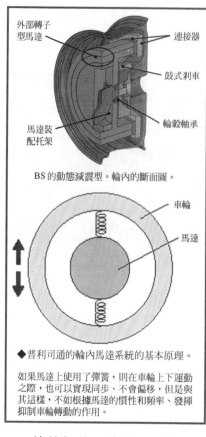

外部轉子
型馬達

連接器

鼓式刹車

馬達裝
配托架

輪轂軸承

BS的動態減震型。輪內的斷面圖。

車輪

馬達

◆普利司通的輪內馬達系統的基本原理。

如果馬達上使用了彈簧，則在車輪上下運動
之際，也可以實現同步、不會偏移，但是與
其這樣，不如根據馬達的慣性和頻率、發揮
抑制車輪轉動的作用。

由於彈簧下重量的增加被視爲輪內方式的最大缺點，可以克服這個缺點的技術就是普利司通開發的"普利司通動態減震型輪內馬達系統"。

普利司通在 2003 年 9 月推出了電動汽車用輪內馬達。推出之後馬上參加了法蘭克福國際車展，並參加了 10 月份的東京車展。這種普利司通的輪內馬達系統採用了消除彈簧下重量的結構，受到了關注。其後，2004 年 9 月推出了進化版"Version 2"，展示在 2005 年東京車展當中。

▍基本原理

普通的輪內馬達被固定在車輪上，其上下運動和輪胎及車輪保持一致。爲此，馬達的重量就這樣成爲彈簧下重量，在凹凸不平的路面、上下動作和車輪成爲一體。

儘管如此，普利司通的輪內馬達系統中，由於馬達透過彈簧和車輪連接在一起，所以輪胎車輪的動作不會直接傳遞給馬達，而是透過彈簧傳遞，由於馬達上有慣性，所以可以產生對抗車輪的動作之作用。

雖然原理上很簡單，但是實際上不僅僅需要彈簧，也要配置減震器，構成懸架這種結構。實際上普利司通把核心部分稱爲"馬達懸架"。馬達在和車輪之間細微的空隙中上下動作。

但是，之所以馬達不和車輪呈一體化的動作，是因爲這裏產生了旋轉軸的偏移，這樣一來問題就產生了：如何連接這種有偏移的部位進行驅動呢？原理上和通用連接處做同樣的考慮就可以解決。這就是撓性連接器，可以透過安裝在 4 個地方的十字導槽完成上下左右的動作，即使旋轉軸有偏移、也可以進行動力的傳動。

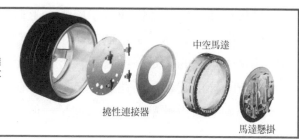

系統的分解圖。撓性連接器和馬達懸掛是這種結構的核心。馬達爲大直徑的外置轉子類型。

中空馬達

撓性連接器

馬達懸掛

▌結構

　　讓我們來看看實際上的結構吧。首先在作爲關鍵的馬達懸架當中，安裝了上下左右 4 個彈簧和 2 個減震器。上面的 2 個彈簧，上側和馬達側連接、下側和車輪側連接。下面的彈簧剛好相反，上側和車輪側連接、下側和馬達側連接。如果車輪升到上部的話、那麼上面的彈簧就會收縮，下面的彈簧就會拉伸。在彈簧的內側爲了衰減彈簧的伸縮，還左右安裝了 2 個小小的減震器。更進一步爲了在彈簧的外側產生很大的振幅時、不使馬達碰到車輪，所以安裝了橡膠的煞車器。

　　這個馬達懸架，位於馬達和車輪之間。雖然這兩者的動作中會產生間隙，但是連接這兩者、並傳遞旋轉力的是撓性連接器。撓性連接器中間配有允許上下左右進行動作的十字導槽，一側和馬達連接、

這種系統發表時的照片。可以看出由於馬達的原因、所以配備了小型彈簧和減振器、制動器等。

2004 年 9 月進化爲第 2 版。實現了系統本身的小型、輕量化、以及擴大衝程、還採用了防塵對策。

另外一側和車輪連接。這種連接了旋轉軸上偏移的馬達和車輪、以傳遞旋轉爲己任的撓性連接器，是這個系統中的要點。

馬達是中空型的，是一種轉子在外側、定子在內側的外置轉子類型。而且，中空的部位裝載了馬達懸架。另外，在馬達懸架的後側配備了鼓式煞車，關於如何強化煞車力，應該還是一個需要解決的課題。

▊ 效果

普利司通發表了本款 BS 動態減震器型輪內馬達、舊款 EV、輪內型 EV 這 3 種車型的比較測試資料，結論是本款車型的接地性能、乘坐感性能都更好。測試內容是在時速 40km/h 下跨越高度 10mm、寬度 0mm 的突起實驗，其他 2 款車型在 10~20Hz 頻段下接地負荷變大，與之對應的是，這種新方式抑制了這種增大。

▊ 第 2 版的進化

2004 年 9 月、推出約 1 年之後，這個系統進化到了第 2 版。進化的主要內容是系統本身的小型、輕量化，以及擴大馬達衝程，還實施了防水、防塵對策。舊版用的是 20 英吋的車輪，進化版考慮了實用化，使用的是 18 英吋車輪。

馬達的外徑爲 3 英吋、實現了小型化，可以安裝的車輪直徑爲 2 英吋、也實現了小型化。馬達運轉衝程從±15mm 變成±25mm，約擴大了 1.7 倍。據此，除了提高在平坦道路中的乘坐感已經接地性能之外，爲了防止坎坷路面的衝擊對馬達的影響，確保了所需的衝程。爲了防水和防塵，在中空馬達處使用了密封環，在連接器部安裝了保護罩。對如何解決由於煞車襯墊帶來的粉塵問題，是不可避免的改良專案。

這些改良，都是現在 KYB 工業和曙煞車工業在腳踏啓動的共同研究中，共同合作開發的成果。

▊ 米其林(Michelin)的主動車輪(Active Wheel)

以把馬達和懸架電池堆裝在車輪中的主動車輪爲核心，米其林正在開發擁有線控驅動型電動系統的汽車。當然，目前還只是雛形，正在開發及研究行駛所需的系統。這些項目作爲米其林概念，是旨在未來機動性的一種綜合性解決方案。

　　由於是透過線控驅動控制的，所以沒有普通汽車中的離合器或是傳動裝置，並且沒有懸架的減震以及通用連接處。這是一款透過電動馬達驅動的車型，爲此使用引擎和發電機作爲發電裝置。

　　傳遞驅動力的主動車輪，擁有作爲懸架的功能，所以在動力單元和車輪之間不需要動

電動懸掛馬達

煞車碟

電氣馬達
日常輸出：
30kW

懸掛彈簧

煞車卡鉗

輪內動
態懸掛

使用米其林的主動車輪，不僅僅使用了輪內馬達，而且還做出了把懸掛也安裝在車輪內的野心嘗試。

力系統、也就是機械進行連接的部分，結構非常簡潔。

　　由於使用了輪內馬達，所以無論作爲 4 輪驅動、還是 2 輪驅動都是可以使用的。爲了輕便地行駛，所以可以降低重心，爲了跨越障礙物，也可以擴大和路面之間的間距。

　　這個項目以追求將來理應出現的汽車形象爲目標，爲了在確保可靠性、大幅度降低成本的前提下生產，必須超越幾個很大的技術障礙。

使用先進的駕駛線控、即可變更重心位置。照片爲顯示了這一功能的模型車。

Chapter 6
和駕駛、安全相關的系統

1.進化的控制系統

提高電子控制、更加安全可靠

2005 年東京車展中，昭示著前所未有轉變的車輛登場了，並且受到關注。在燃料電池車豐田的 Fine-X 中，前輪有 90 度的轉向角度，可以實現前所未有的操控。這種技術已經成為了事實，如果在設計的時候能考慮到這一點的話，就可以做出實用化的產品。但是，關於車輛行駛方面的技術，主要放在以提高安全性並更加專注於駕駛的基礎上而進化的。

以排氣規制為契機，引發的和引擎相關的電子控制，已逐漸發展到車體上，引進了各式各樣的系統，關於車輛行駛方面的安全性和易於驅動化在不斷前進。在一開始的時期，為了進行巡航控制、縮短急煞車時的煞車距離，使用了防鎖死煞車系統(ABS)等。

一般煞車系統在緊急煞車之際，車輪容易鎖死，ABS(防鎖死煞車系統)卻相反，這是一種不會增加煞車距離並防止車輪鎖死的控制系統。如果是駕駛老手的話就不會讓車輪被鎖住，只要踩放煞車就可以縮短煞車距離，但是有的人頃刻間慌亂煞車、就有可能鎖住車輪。因此，如果車輛在構造方面可以幫助駕駛者的話，那麼就可以提高安全性。在此基礎上、延伸開發了煞車輔助系統，在緊急停車時，若煞車的踏力很弱、煞車距離增加而會導致危險，為了消除這種危險，這種系統若判斷是緊急煞車、它將會發出比駕駛者踩煞車力更大的力量、產生輔助煞車效果。

藉由這樣的系統，使得那些不擅長駕駛的人，可以得到曾經只有擅於駕駛的人才能夠得到的安全性。

　　ABS 系統逐漸和引擎驅動力控制系統(TCS)組合。這是一種在濕滑路面上防止車輪打滑的裝置，能在冰雪的道路上、或是開始下雨時變得光滑的路面上發揮效果。由於車輪打滑，車輛會失去穩定性，在駕控時、如果可以事先察知車輪打滑，使車輪的旋轉放緩的話，那麼就可以防止打滑。這種系統可以保證普通人也能和經驗老道的老手一樣，在駕駛時遊刃有餘。

■ 使用各種感測器探測車身行駛情況

　　人們進一步開發出更為複雜的車輛穩定行駛控制系統。

　　在車輛轉彎時，這種系統不僅僅可以預防由於打方向盤動作過猛、或是速度太快而導致的車身行駛不穩定，也可以在路面凹凸不平、或是容易打滑的情況下發揮作用。可以透過車輛上安裝的 G 感測器、速度感測器、轉向角度感測器、搖擺率感測器(yaw rate sensor) 等，檢測出車輛行駛是否失去了穩定。G 感測器可以檢測出車輛中的左右側的加速度，橫擺率感測器可以檢測出車輛的方向。

　　一旦判斷車輛狀態不對，馬上可以均衡左右煞車，減少引擎扭矩，使車輛恢復到穩定狀態。這樣一來、就可以防止車輛在轉彎時偏離行駛軌跡。關於這種控制系統，豐田稱之為 VSC(Vehicle Stability Control：車輛穩定控制系統)、本田稱之為 VSA(Vehicle Stability Assist：車輛穩定輔助系統)、日產稱之為 VDC(Vehicle Dynamic Control：車輛動態控制系統)、三菱稱之為 ASC(Active Stability Control：主動式穩定控制系統)。

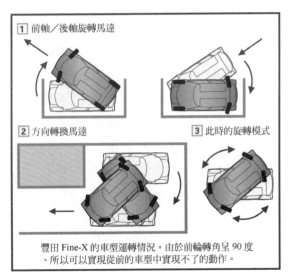

豐田 Fine-X 的車型運轉情況。由於前輪轉角呈 90 度、所以可以實現從前的車型中實現不了的動作。

在對車輛狀態進行控制的系統，除上述之外，還可以採用控制車輪驅動力的方法。如果在轉彎時加速，那麼車子就會由於離心力而向外側滑出去。此時駕駛者可以透過轉向來控制車輛狀態，並且透過分配左右輪的驅動力而得到穩定效果。如果轉彎時加大外側車輪的驅動力的話，則可以平穩地轉彎。關於這一點，也可以利用各種感測器發出的信號，透過電腦下達指令。

這樣的控制系統，可以透過電腦接收的信號來判斷及調節引擎扭矩，由於駕駛者踩踏油門踏板的力量不同，所以得到不同的油門開度。因此，大多數車輛不使用機械式節汽門，而採用電子控制式節汽門。

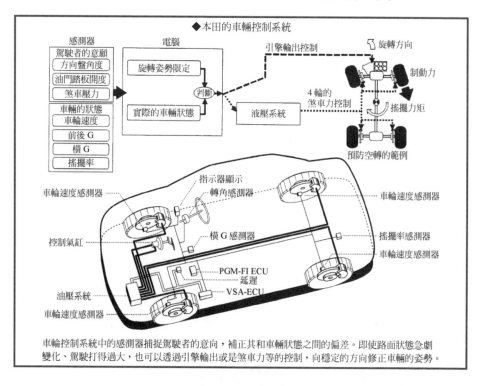

◆本田的車輛控制系統

車輪控制系統中的感測器捕捉駕駛者的意向，補正其和車輛狀態之間的偏差。即使路面狀態急劇變化、駕駛打得過大，也可以透過引擎輸出或是煞車力等的控制，向穩定的方向修正車輛的姿勢。

為了幫助駕駛者的駕駛，很多系統裝備在不斷的實用化。例如使用超音波感測器檢測前後位置的障礙物、幫助駕駛者確認方向，在巡航行駛時用微波雷達計測和前面車輛之間的距離、便於調節行駛速度。另外，在有的系統中還安裝了小型 CCD 鏡頭，幫助車輛從盲角行駛到寬廣的道路時，可以看出車距是否過近，在原有系統的儀表板上安裝了顯示器，透過顯示器中映對的影像，確認車輛後方等的情況。

如果駕駛者可以更加輕鬆地駕駛，在某種程度上掌握路面變化、糾正自己的操作錯誤，那麼就會提高安全性。為此需要數量眾多的感測器或是行車電腦(ECU)，如果能協調並控制這些裝置的話，車輛的安全性就會增加。這樣就會導致操作線控轉向或線控煞車系統的車輛逐漸替代機械操控型系統的車輛。在飛機上，線傳飛控技術(Fly-By-Wire)已經被實際使用，所以人們明白應該怎麼做。但由於技術中還存在一些壁壘，例如：如何使得駕駛者在駕駛時沒有不協調感、如何確保高度可靠性、如何解決成本過高的問題等，所以在實用化之前，還需要一定時間的吧。

這一節中，我們講述高級車輛中的實用系統，並以與行駛相關的、不斷發展的各種控制系統為中心進行說明，希望以這些內容為參考，能夠幫助您瞭解到車輛的未來發展趨勢。

☰ 2.豐田為了保證車輛行動穩定的綜合控制系統

⊞ 車輛動態綜合管理系統

豐田車高級品牌的凌志(LEXUS)中，裝載了車輛動態綜合管理(VDIM：Vehicle Dynamic Integrated Management)系統。這種系統在和ABS、TCS、以及被稱為VCS的駕駛支援系統進行協調的同時，透過轉向控制，提高操控性和行駛穩定性，目的在提高安全方面的預房安全水準。

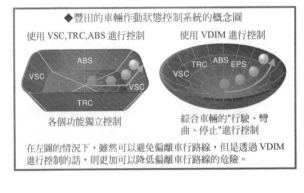

◆豐田的車輛作動狀態控制系統的概念圖

使用 VSC,TRC,ABS 進行控制　　使用 VDIM 進行控制

各個功能獨立控制　　綜合車輛的"行駛、彎曲、停止"進行控制

在左圖的情況下，雖然可以避免偏離車行路線，但是透過 VDIM 進行控制的話，則更加可以降低偏離車行路線的危險。

透過綜合駕駛者踩油門、轉向、煞車的操控量，預測出駕駛者大概會如何駕駛車輛，根據車輛應有的穩定狀態、並從各種感測器中獲取車輛的狀態資訊，電腦可以判斷出各種駕駛狀態間是否產生了偏差，並綜合驅動力、前輪的轉向角、轉向、煞車等進行控制，消除這些偏差，是一種新技術。

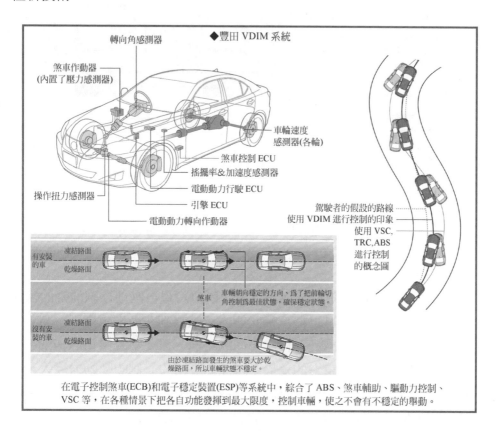

◆豐田 VDIM 系統

轉向角感測器

煞車作動器
(內置了壓力感測器)

車輪速度
感測器(各輪)

煞車控制 ECU

搖擺率&加速度感測器

電動動力行駛 ECU

操作扭力感測器

引擎 ECU

電動動力轉向作動器

駕駛者的假設的路線
使用 VDIM 進行控制的印象
使用 VSC,
TRC,ABS
進行控制
的概念圖

有安裝
的車

凍結路面

乾燥路面

煞車

車輛朝向穩定的方向、為了把前輪切
角控制為最佳狀態，確保穩定狀態。

沒有安
裝的車

凍結路面

乾燥路面

由於凍結路面發生的煞車要大於乾
燥路面，所以車輛狀態不穩定。

在電子控制煞車(ECB)和電子穩定裝置(ESP)等系統中，綜合了 ABS、煞車輔助、驅動力控制、
VSC 等，在各種情景下把各自功能發揮到最大限度，控制車輛，使之不會有不穩定的舉動。

　　把以上的想法變為現實可能，結合行駛速度、靈活地改變轉向操作和輪胎轉向角之間關係的、就是 VGRS 系統。透過改變低速轉向和高速轉向的齒輪比，讓駕駛者可以在穩定的狀態下很容易地進行轉向操作。在低速駕駛時，縮小齒輪比、用很小的轉向角實現很大的輪胎彎轉，在高速駕駛時，加大齒輪比，使輪胎難以彎轉，消除不安的感覺。這種齒輪比的變化，是透過配置在轉向軸上的電動馬達和減速裝置構成的作動器實現的。除了使用動力轉向的方法之外，還可以利用引擎的油壓控制，但是在這種情況下不得不設置為電動。當然，必須使用綜合 ABS 及煞車輔助等的電子控制煞車系統(ECB：Electronically Controlled Brake System)。

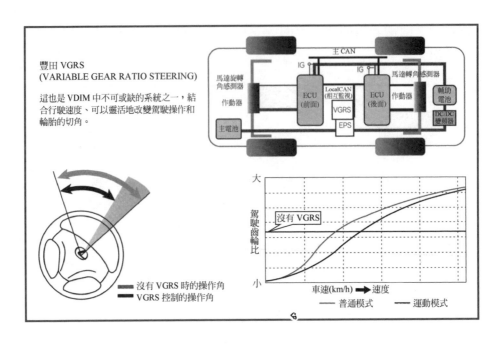

豐田 VGRS
(VARIABLE GEAR RATIO STEERING)

這也是 VDIM 中不可或缺的系統之一，結合行駛速度、可以靈活地改變駕駛操作和輪胎的切角。

—— 沒有 VGRS 時的操作角
—— VGRS 控制的操作角

沒有 VGRS

大
駕駛齒輪比
小

車速(km/h) ➡ 速度

—— 普通模式　　—— 運動模式

　　由於配備了車輛動態綜合管理系統，所以可以自動地控制前輪的轉向角，如同下文中所述，可以把車輛狀態的紊亂限制在最小限度。

・分路煞車控制：在跨越光滑程度不同的路面、需要緊急煞車的情況下，有的時候由於左右煞車力的差異，摩擦係數高的一側的驅動力變大，導致狀態紊亂，以致必須操作方向盤。為此，需要控制前輪的轉向角，以便消除由於左右煞車力差而發生的力矩，使車輛穩定。

・分路加速控制：同樣從滑溜程度不同的路面緊急出發時，由於左右煞車力的差異而導致車輛狀態的紊亂。為此，不僅僅需要控制前輪的轉向角，以便消除由於左右煞車力差而發生的力矩、還需要提高驅動力，確保穩定的行駛。

・過度轉向時的控制：轉彎時在探測後輪側滑傾向的情況下，給轉彎外輪加上適當的煞車，同時透過 VGRS 控制前輪的轉向角、產生穩定的力矩，控制後輪的側滑

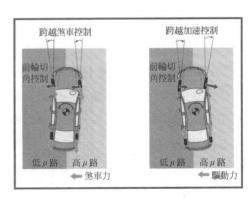

跨越煞車控制　　　　跨越加速控制

前輪切角控制　　　　前輪切角控制

低μ路　高μ路　　　低μ路　高μ路
⬅ 煞車力　　　　　　⬅ 驅動力

傾向。由於同時使用煞車和轉向
控制，所以可以有效地使利輪胎
的抓地力、穩定地進行行駛。

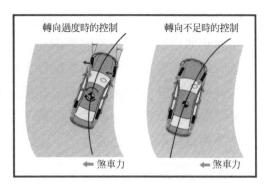

- 轉向不足時的控制：轉彎時在探
測到前輪側滑傾向的情況下，透
過引擎輸出和煞車的控制，抑制
過度的轉向不足。在轉彎時、如
果顯示出輪胎難以轉向的傾

向，那麼就需要把方向盤打得更大，此時前輪的側滑就會變得更大，所
以在透過 VGRS 改變轉向齒輪比的同時，EPS 可以朝著打回方向盤的方
向進行扭矩輔助操舵，以防止打得過大。

除了上述之外，使用 VDIM 可以實現的功能如下所示。

- 電子煞車力分配控制功能：在沿直線前進的煞車過程中，空車、載人時
負荷會有變化、可以正確地控制前後輪的煞車力，確保煞車的效果。另
外，轉彎中的使用煞車時，也可以最合適地控制左右輪的煞車力，確保
車輛穩定性，實現卓越的煞車性能。

- TRC 功能：在容易打滑的路面起步、加速、以及轉彎加速時，如果感測
器探測到驅動輪在空轉時，可以控制驅動輪的煞車油壓及引擎驅動力，
確保最為合適的驅動力，有助於提高起步、加速、直線前進、轉彎之際
車輛的穩定性。

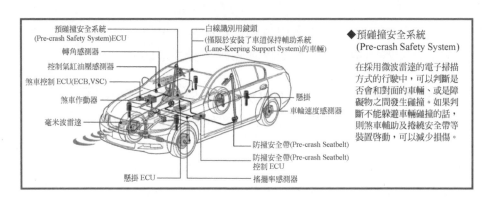

・VSC 功能：在轉彎或迴避障礙物、急打方向盤等的情況下，如果感測器探測到前後輪抓地力超過界限、即將出現側滑的狀態，則可以自動地把各個輪子的煞車油壓和引擎驅動力控制在最佳程度，確保車輛穩定性。
・斜坡起步輔助控制功能：為了在很陡的坡道、或是容易滑動的坡道上起步，從踩煞車踏板進而踩油門時、車輛後退的那一瞬間，方便自如地自動煞車以減緩後退速度。

▗▖ 預碰撞安全系統

這種系統是在不可能迴避撞車之際，可以減少受傷的系統。

透過踩踏煞車的速度等，判斷為緊急、或是判斷為車輛側滑的情況下，可以透過馬達捲緊駕駛座、副駕駛座上的車座安全帶，使用的是煞車聯動式預碰撞車座安全帶，可以從一開始就提高對乘客的束縛力。

更裝載了透過微波雷達檢測前方行車狀況、路面障礙物、對面有無車輛開來等，判斷撞車的可能，可以減輕受傷程度的微波雷達預碰撞安全系統。

在預知衝撞的情況下，向駕駛者發出報警，催促其進行煞車操作，在駕駛者踩踏煞車的同時、使預防衝撞煞車輔助系統運轉，降低衝撞速度。萬一駕駛者不能進行煞車時，也可以掛上預防衝撞煞車，以圖降低衝撞速度。另外，透過捲緊乘客的車座安全帶，提高對乘客初期的束縛性能，同時透過懸吊系統控制，抑制煞車時的點頭和操控時的搖晃。

除了這樣的控制之外，還考慮了在轉向車輪支點的上方配置可以拍攝到駕駛者的鏡頭，如果駕駛者沒有朝向正面時，可以發出警告系統。駕駛者橫向撞到障礙物時，SRS 氣囊就會膨脹，減少危險。

▗▖ 車道保持系統(Line Keeping Assist System)及其他

這是一種在行駛時，為了維持在行車路線內行駛，對轉向操作進行支援、減輕駕駛負擔的系統。在高速公路等中進行駕駛時，用 C-MOS(Complementary Metal Oxide Semiconductor)鏡頭識別白(黃)線，透過控制電動動力轉向、支援駕駛者的轉向操作，使車輛沿著車道行駛。

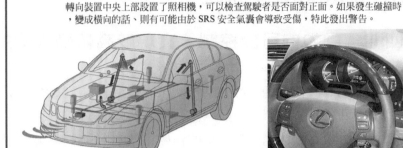

轉向裝置中央上部設置了照相機，可以檢查駕駛者是否面對正面。如果發生碰撞時，變成橫向的話、則有可能由於 SRS 安全氣囊會導致受傷，特此發出警告。

對應開關操作、駕駛情況等，這種系統具有脫離行車路線時的警報功能。在車速在 50km/h 以上，行車路線寬度約爲 3~4m 的條件下、當預計會產生脫離行車路線路的可能時，透過蜂鳴器鳴叫、顯示器顯示、短促的加入很小的操舵力，以引起駕駛者的注意，避免車輛脫離行駛車道。

除此之外，還有輔助駕駛雷達巡航控制系統，在接近前方的車輛時，

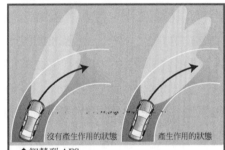

◆智慧型 AFS
(ADAPTIVE FRONT-LIGHTING SYSTEM)
夜間轉彎時，對應輪胎的切角或是車速，短聚焦光的照射軸可以自動地面向 3 秒鐘後到達的點上、確保了視野。

首先透過節汽門控制來減速，再根據需要控制煞車。一旦設定和前方車輛之間的距離，根據微波雷達、搖擺率感測器、轉向感測器給出的資訊，識別並判斷前方車輛和行駛車道，在設定的車速範圍內、一邊保持車輛之間的距離、一邊跟隨著前方車輛行駛。

另外，方向盤感應式偵測雷達和方向盤連動，可以預測前行方向的障礙物，在接近障礙物的情況可以發出警報。如果透過方向盤的操控角可以迴避障礙物時，即便在檢測範圍之內，也不會發出警報。這樣一來，蜂鳴器只會在需要時鳴叫，減少了干擾。進一步說，透過和方向盤聯動進行檢測，也可以使檢查距離變得很長。雷達所檢測出的資訊，以接近、迴避障礙物爲基準，並且顯示在導航畫面及多資訊顯示器上。

3.本田的行駛和安全系統

透過四輪驅動力的可變控制、實現較高轉彎性能的 SH-AWD

車輛行駛時，為了發揮車輛所擁有的性能，需要路面狀況和駕駛者的技術都在理想狀態。但是，實際上路面狀況會由於氣候或是鋪修的狀態不同而有所變化，駕駛者踩踏油門或是煞車的程度也各不相同，轉向角度也不一樣，有時候還會受到類似側風等外部騷擾。踩煞車的話，整車載荷會轉移到前輪，如果腳踩油門踏板的話，載荷則轉移到後輪。

在轉彎之際，存在著擾亂車輛狀態的各種要素。實際上，應對時時刻刻變化的情況、進行適當地駕駛，即便是駕駛老手也是不可能做到的，如果長時間在緊張的狀態下駕駛的話，就會蓄積疲勞。

豐田的車輛動態綜合管理系統，也正是作為修正這種車輛實際狀態、和原應具有的理想狀態之間偏差的方法之一而被開發出來的。

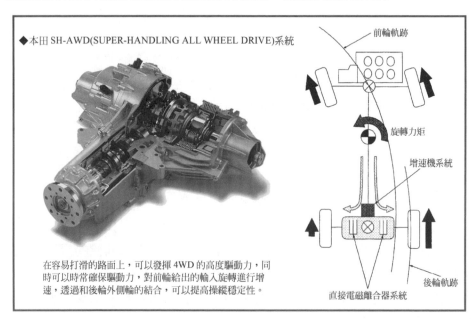

◆本田 SH-AWD(SUPER-HANDLING ALL WHEEL DRIVE)系統

前輪軌跡

旋轉力矩

增速機系統

後輪軌跡

直接電磁離合器系統

在容易打滑的路面上，可以發揮 4WD 的高度驅動力，同時可以時常確保驅動力，對前輪給出的輸入旋轉進行增速，透過和後輪外側輪的結合，可以提高操縱穩定性。

本田在 2005 年推出的里程(Legend)上使用了新的 4WD 系統：SH-AWD，目的也是相同的，但是提供解答方案卻不相同。順便一提，AWD

是 All Wheel Drive 的簡稱，和 4WD 的含義是相同的，在美國 AWD 更加通用一些，所以本文採用了這個名字。

如果在轉彎時不用根據路面等的變化而修正轉向或是油門，車輛就可以按照駕駛者的意念行駛的話，那麼駕駛者的安全感會提高，並且會享受駕駛帶來的樂趣。

這種系統可以判斷駕駛者的操作方法，根據行駛狀態，在從 70：30 直至 30：70 為止的範圍內對前後輪的驅動力進行改變和分配的同時，把左右輪的驅動力控制在從 100：0 直至 0：100 為止的範圍內。可以連續地改變驅動力，適當地分配給 4 個車輪，以此來控制車輛的狀態。

這樣一來，就可以完全地發揮輪胎的能力，在直線前行時可以穩定地行駛，轉彎時也不會打亂狀態。例如在轉彎時進行加速之際，把很大的驅動力傳動給外側的後輪，使車輛產生向內的力矩，調整驅動力，完成一個完美的轉彎。在轉角處進行轉彎時，不需要僅僅依靠方向盤，亦可以透過改變傳動給左右車輪的驅動力來進行調整，跑出一條順暢的曲線。

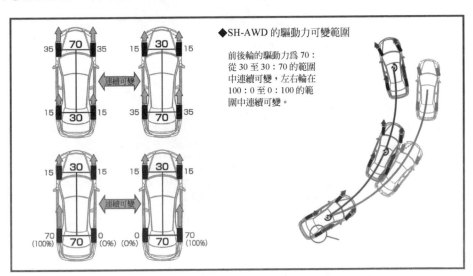

◆SH-AWD 的驅動力可變範圍

前後輪的驅動力為 70：從 30 至 30：70 的範圍中連續可變，左右輪在 100：0 至 0：100 的範圍中連續可變。

在普通的 4WD 中，透過中央差速器或是後差速器向左右分配的驅動力只能均等地分配。與此相對應的是，在 SH-AWD 系統的後輪驅動單元中、配備了左右每側各一個直接電磁離合器，可以不斷地改變並分配給予前後輪和左右輪的驅動力。透過控制這種直接電磁離合器的束縛力，可以改變驅動力的分配，電磁離合器可以左右獨立地控制，因此不僅僅可以改變前後的驅動力分配、還可以隨時改變給予後輪中左右輪的驅動力。

　　關於電磁離合器的束縛力，利用電流流過線圈時產生的電磁力進行直接控制的方法。電流流過主線圈時，產生了磁力的磁性體被電磁鐵吸附，透過活塞直接壓在多片式離合器上。作動壓力的大小是透過電流流量控制的，可以連續可變地進行驅動力分配。

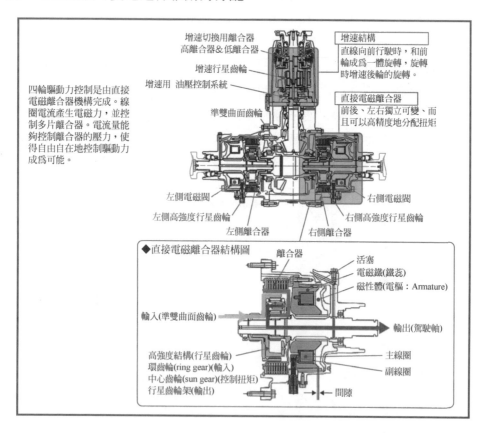

增速切換用離合器
高離合器＆低離合器

增速結構
直線向前行駛時，和前輪成為一體旋轉，旋轉時增速後輪的旋轉。

增速行星齒輪
增速用　油壓控制系統

準雙曲面齒輪

四輪驅動力控制是由直接電磁離合器機構完成。線圈電流產生電磁力，並控制多片離合器。電流量能夠控制離合器的壓力，使得自由自在地控制驅動力成為可能。

直接電磁離合器
前後、左右獨立可變、而且可以高精度地分配扭矩。

左側電磁閥
左側高強度行星齒輪
左側離合器

右側電磁閥
右側高強度行星齒輪
右側離合器

◆直接電磁離合器結構圖

離合器
活塞
電磁鐵(鐵蕊)
磁性體(電樞：Armature)

輸入(準雙曲面齒輪)

輸出(駕駛軸)

高強度結構(行星齒輪)
環齒輪(ring gear)(輸入)
中心齒輪(sun gear)(控制扭矩)
行星齒輪架(輸出)

主線圈
副線圈

間隙

　　這種透過電磁力控制離合器的方式是世上首次出現的，由於需要改變的是驅動力這種很大的力量，所以必須有很大的作用壓力，也需要很大的離合器片。同時更需要流過很大的電流。為了透過緊湊並輕量的系統實現上述的要求，所以使用了倍力結構。總之，使用行星齒輪增大扭矩，把準齒輪傳動出來的驅動力輸出給傳動軸。

爲了保證極爲精細的控制，可以透過顯示器控制副線圈磁束。電磁鐵和磁性體的餘隙非常小，如果餘隙改變，則離合器的作用壓力也會變化，所以副線圈可以顯示出磁束的變化、以補正電流量。據此可以確保可靠性、實現實用化的目的。

進一步說，爲了在轉彎的時候穩定地行駛，在外側後輪處、增速結構產生了作用。根據透過前輪左右的平均軌跡、也就是透過前輪車軸中央的線，轉角外側的後輪在和其他車輪有同樣旋轉圈數的情況下、距離上卻跟不上，有的時候無法傳送行駛中所需的驅動力。爲了消除這種現象，需要增加外側後輪的旋轉數，爲此透過齒輪的切換，在後輪驅動單元中組裝可以對應前輪的旋轉數進行增速的機構。爲了增速，把齒輪比設定在 5%左右。

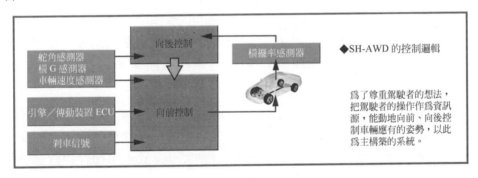

駕駛者印象中的行駛路線，是根據油門開度、轉向的操作量、煞車踏板的踩踏量等，透過感測器進行檢測和判斷的。此時的行駛狀態和路面狀況可以透過橫 G 感測器、搖擺率感測器、轉角感測器等進行判斷，結合引擎及變速箱的電腦單元給出的資訊，根據此時 4 個車輪的需要，計算出適當的驅動力分配，透過後輪驅動單元，把最爲合適的驅動力分配給各個車輪。

在裝載了 SH-AWD 系統的車輛進行轉彎時，可以最爲接近駕駛者心裏描繪的行駛路線，所以駕駛者會認爲自己的駕駛技術提高了，沈浸在穩定駕駛的快樂中。

◢ 行駛支援系統

作為使舒適的巡航行駛成為可能的支援系統，可以列舉出智慧高速路巡航控制(IHCC)以及行駛車道維持輔助系統(LKAS)。

IHCC 可以透過微波雷達可以在前方 100m、角度 16 度的範圍內，測定和前方車輛之間的距離，透過車速感測器和搖擺率感測器等顯示前方車輛的行駛狀態，並進行巡航。不僅僅可以保存設定的速度，如果前方車輛比設定的速度開得慢的話，就可以控制節汽門或是煞車，根據前方車輛的車速變化，調整行駛速度，按照設定的車輛間距離跟在後面。另外，如果前方車輛變更行車路線的情況下，也可以緩慢地加速，直至達到設定的車速。

LKAS 是一種行駛車道維持輔助系統，可以透過安裝在前擋風玻璃上部內側的 C-MOS 相機捕捉到的影像為基礎識別行車路線。在電動轉向時產生適當的扭矩、為了保持行車路線而進行適當地控制。由於這是一種在

◆豐田 LKAS(車道保持輔助系統)

警報區域　警報區域

為了在行駛路線內行駛，在輔助駕駛動作的同時，如果有可能跑出行車路線的情況下，警報系統報警。

時速 65km 以上的直線道路、或是半徑為 230m 的慢彎中產生作用的系統，所以只限於使用在高速公路等。如果可能脫離行車路線時，會向駕駛者發出警報，使之注意。

這種系統有助於減輕長途駕駛等情況下的疲勞，這種技術適用於未來車輛的自動駕駛，基本上現在已經達到了實用化的水準。

◢ 智慧夜視系統(Intelligent Night Vision System)

這是一種透過相機看到夜間行駛中難以看到的步行者，防患於未然的系統，2005 年在銷售里程(Legend)時，這個系統被設定為可選項。這種保護安全的系統是多個廠家共同開發的產品。

這套裝置中在前保險桿深處設置了 2 個紅外線鏡頭，把影像顯示在儀表板上部的駕駛者正面的仰視顯示器上。如果日照感測器判斷為夜晚、頭燈或是霧燈燈亮的時候，這種顯示器就會彈出來，其他的時候都會被隱藏起來。可以結合駕駛者的座椅位置調整影像的位置。

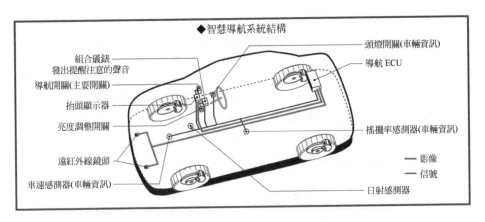

◆智慧導航系統結構

組合儀錶
發出提醒注意的聲音
導航開關(主要開關)
抬頭顯示器
亮度調整開關
遠紅外線鏡頭
車速感測器(車輛資訊)

頭燈開關(車輛資訊)
導航 ECU
搖擺率感測器(車輛資訊)
日射感測器

—— 影像
—— 信號

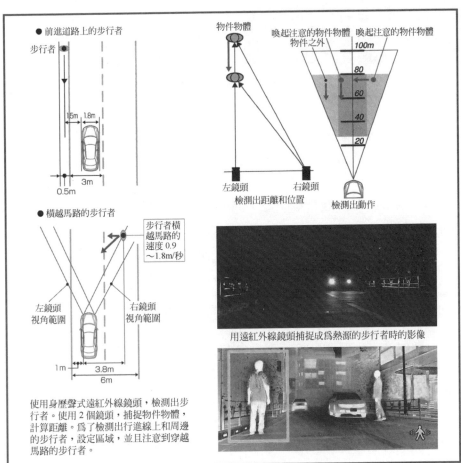

● 前進道路上的步行者

步行者

1.5m 1.8m

3m
0.5m

物件物體

喚起注意的物件物體 喚起注意的物件物體
物件之外

100m
80
60
40
20

左鏡頭 右鏡頭
檢測出距離和位置

檢測出動作

● 橫越馬路的步行者

步行者橫越馬路的速度 0.9～1.8m/秒

左鏡頭視角範圍
右鏡頭視角範圍

1m
3.8m
6m

使用身歷聲式遠紅外線鏡頭，檢測出步行者。使用 2 個鏡頭，捕捉物件物體，計算距離。為了檢測出行進線上和周邊的步行者，設定區域，並且注意到穿越馬路的步行者。

用遠紅外線鏡頭捕捉成為熱源的步行者時的影像

設置 2 個鏡頭的原因，是因為可以形成立體式的、透過目標物體在左右鏡頭中的位置偏差、計算出物體和車輛之間的距離。在識別成為目標的步行者是否存在時，是根據捕捉的熱源形狀進行判斷的。設定為把頭部大概 20cm、肩部約 50cm 左右、身高大約 1~2m 形狀的物體識別為步行者。

這種紅外線鏡頭得到的影像，在顯示器上的顯示是白色的剪影，在向駕駛者發出警告聲音的同時，如同包裹住映對在顯示器中的步行者一樣、成為橙色，以便喚起注意。透過車速等預測此時到達成為目標的步行者位置為止的時間，在可以避開的時間內及時喚起注意。

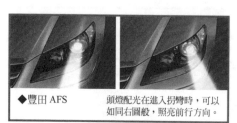

◆豐田 AFS　　　頭燈配光在進入拐彎時，可以如同右圖般，照亮前行方向。

對應車輛的寬度、把左右 1.5m 的外側、前方 30~80m 的範圍設置為前行道路，注意到位於這個範圍內的步行者。這是以都市街道中的行駛為前提、假設道路寬度為 6m，單側行車路線為 3m、再加上人行道的道路。即使沒有在這個設定的範圍內、如果在紅外線鏡頭的影像所捕捉的 12 度的角度範圍內、意識到將要有步行者將要進入車輛前進道路時，也會喚起注意。這個系統可以假設出橫越前進道路上的步行者。

為了讓車燈在夜間更為明顯，還設定了可以左右控制頭燈的配光、照亮前面的轉彎方向的主動式轉向頭燈系統(AFS)，可以產生安全預防的作用。和轉向的轉角聯動、最多可以改變 20 度的方向。

≡ 4.日產、三菱等的行駛安全系統

日產對外宣佈"在 2015 年之前和日產車相關的國內死亡、重傷者人數減少到 1995 年的一半"這一目標。透過分析現實世界中發生的車輛事故、以此為基礎不斷研製安全的車輛。並且對一些系統不斷地開展實用化行程，這些系統包括：對應車速或是轉向的轉角、車燈自動照射前行方向的主動式轉向頭燈系統(AFS)、探測和前行車輛之間的距離，具有進行加減速的低速追隨功能的行車距離自動控制系統、智慧巡航系統(Intelligent Cruise Control)、即將從行駛車道滑開出去之際、除了警報之外還可以產生

改變車輛方向的力、使車輛返回行車路線內的車道偏離警示系統(Lane Departure Prevention)、如果不能避免追撞時、會加上煞車、使車輛減速，盡可能減速衝擊的智慧煞車輔助系統(intelligent brake assist)等。同時，還使用了各式各樣的結構，可以提高車輛本身的安全性，減輕發生撞車時的負傷程度。

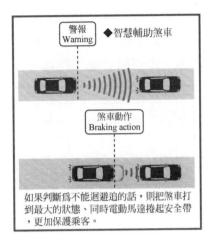

如果判斷爲不能迴避追的話，則把煞車打到最大的狀態、同時電動馬達捲起安全帶，更加保護乘客。

　　日產有一種特有的車輛穩定技術、"後輪主動轉向(Rear Active Steering)"技術。在代替公爵(Cedric)／光榮(Gloria)登場的風雅(FUGA)上部分採用了該技術，是一種藉操作後輪轉向而達穩定的、由超級 HICAS 進化的系統。對應車速操作轉向角度，使後輪和前輪同相或是逆相，可以保證中低速時敏捷的動作以及高速時的穩定。後輪是透過內置在副車架中的電動煞車器進行的。

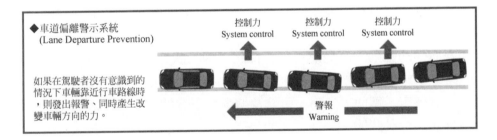

　　對於在低中速行駛時設置爲逆相的操控可以很好地應答，在高速行駛時設置爲同相、可朝著穩定的方向前行。

　　三菱的 S-AWC 是 Super All Wheel Control 的簡稱，是三菱的車輛運動綜合控制系統。透過把這個系統和三菱的電子控制 4WD 進行組合，可以對應所有的路面狀況確保駕駛的穩定性。三菱在重心高的 SUV 中使用了這個系統。

電子控制 4WD 中有優先考慮經濟性的 2WD 模式、對應廣泛路面狀況的 4WD 自動模式、為了強力奔跑的 4WD 鎖定模式，可以結合各式各樣的需求，由駕駛者做出選擇。

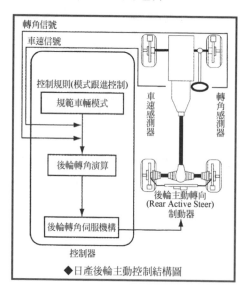

◆日產後輪主動控制結構圖

可以監視儀錶上的橫擺力矩、以及慣性力矩的發生率。

S-AWC 是組合了超級 AYC 和被稱為 ACD 的驅動力控制系統的綜合控制系統。AYC 取的是 Active Yaw Control(主動橫擺控制)的第一個字母，利用左右輪的驅動力或是煞車差、控制車輛的狀態，ACD 指的是 Active Center Differential(主動中央差速器)，透過控制前後的驅動力分配，可以整體地控制煞車、轉向、懸吊、引擎及傳動裝置等的電子控制設備，有助於保持理想的行駛狀態。

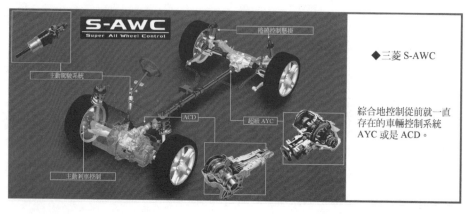

◆三菱 S-AWC

綜合地控制從前就一直存在的車輛控制系統 AYC 或是 ACD。

　　馬自達也採用了同樣的、支援駕駛者的系統。活用發展了ITS(Intelligent Transport System：智慧運輸系統)控制技術，為降低駕駛者在識別、判斷、操作方面的錯誤，實現安全方面的預防，致力於"高度駕駛支援技術"而研究開發的。透過車輛和車輛之間的通信、防止迎頭撞上時的車輛撞擊，也是其功能之一。在夜間行駛時遇到轉彎的話，車燈可以自動旋轉、進行照射，透過小型鏡頭發現難以發現的步行者，全周死角顯示器等可以預防駕駛者在駕駛時的危險。還使用了綜合車輛動態控制(Integrated Vehicle Dynamics control)系統，可以安全地控制車輛的狀態。

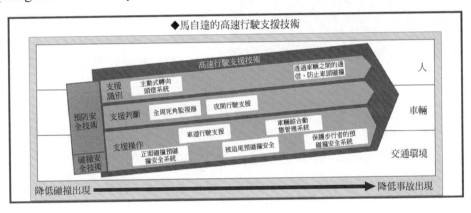

◆馬自達的高速行駛支援技術

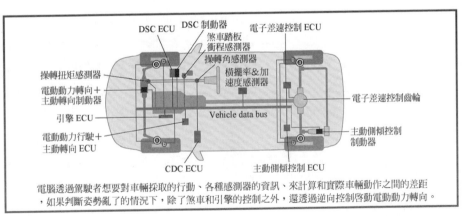

電腦透過駕駛者想要對車輛採取的行動、各種感測器的資訊、來計算和實際車輛動作之間的差距，如果判斷姿勢亂了的情況下，除了煞車和引擎的控制之外，還透過逆向控制啟動電動動力轉向。

　　富士重工業提出了速霸陸(Subaru)IVX-II 的方案，這是一種擁有相當於人類眼睛、頭腦、肌肉的先進裝置的下一代智慧汽車。基本上是透過立體鏡頭及微波雷達等提高對外部的識別精度，產生了眼睛的作用，把車中

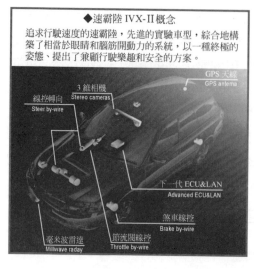

◆速霸陸 IVX-II 概念

追求行駛速度的速霸陸，先進的實驗車型，綜合地構築了相當於眼睛和腦筋開動力的系統，以一種終極的姿態、提出了兼顧行駛樂趣和安全的方案。

GPS 天線
GPS antenna

3 維相機
Stereo cameras

線控轉向
Steer by-wire

下一代 ECU&LAN
Advanced ECU&LAN

煞車線控
Brake by-wire

毫米波雷達
Milliwave raday

節流閥線控
Throttle by-wire

裝載著綜合控制演算法的高性能控制系統視為人類的頭腦，透過線控節汽門、轉向、煞車產生了肌肉的作用。當然，各種駕駛輔助系統也會發揮作用。

※

最後要說的是，關於行駛安全、不能不提及梅賽德斯-賓士(Mercedes-Benz)。不斷製造出高性能車型、高級車型的傳統，恰恰是構築在對車輛安全行駛方面的考慮上的。在撞車時為了保護乘客，梅賽德斯-賓士(Mercedes-Benz)最早在量產車輛中採用了可以吸收撞擊的"可壓碎車體(crushable body)"這種想法。

防側滑裝置並不是日本廠獨家擅長的，梅賽德斯(Mercedes)很早就實現了 ESP(Electronic Stability Program：電子控制式穩定程式)的實用化。歐洲的路邊有很多樹木，如果偏離路線的話，就容易撞到樹上。這種程式就是為了防止事故發生而開發出來的，具有達到大眾化車型 A 級的標準裝備，在可能發生事故的情況下，可以提高車輛的重心，以圖解決。廠家追尋了各種事故產生的原因、把原因轉移到安全預防方面的手法也是梅賽德斯(Mercedes)最先確立的。進一步說，就是透過對撞車之際的安全性進行

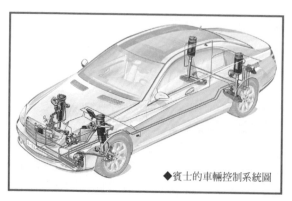

◆賓士的車輛控制系統圖

系統化，綜合地提高車輛的行駛安全。在介紹豐田及本田的情況時說到的很多系統，梅賽德斯(Mercedes)也在使用，這些想法都是以駕駛者的行駛為基本、在即將失去車輛穩定時、讓駕駛者可以朝向安全的方向行駛。人們一個接一個地使用車輛可

以涵蓋駕駛者操作的系統，並不是要製造出和自動駕駛一樣的東西，仍是把駕駛者視爲進行車輛控制的主體。

在迄今爲止積累的、爲了安全行駛的系統的基礎上，以未來實現驅動線控化爲目標，人們進一步想出了各種安全對策。

在現在已經實現實用化的、和安全相關的系統中，需要花費成本的系統很多，所以直至使用在大眾化車型上爲止，可能需要時間。

但是，透過開發這樣的系統，包括引擎在內的車輛的綜合控制技術、進化得比以前更快。如果可以自由地控制4輪的驅動力分配的話，那麼不要操作轉向、也可以在拐彎處轉彎。確保了可靠性、直至車輛的自然壽命爲止、都可以產生作用，這是很了不起的，但是由於有各種可能性，也可能這些技術會使車輛的存在形式產生變化。

◆賓士的導航印象照片

行駛、安全以及車輛相關的各種技術

作為不久的將來的車輛，在車展的會場中熱熱鬧鬧地展示著的概念車中，一般都使用了驅動線控系統。這種線控，是透過電氣信號使單元構件動作的，所以節省了現在機械部分的一大半。

從現在開始，暢通無阻的駕駛已經成為可能，車輛配置的自由度不斷增加。這種技術已經在飛機上實用化了，汽車上也在逐漸使用，但是要達到實際上普及的程度，還頗需時間。可是，作為單個系統的實用化，卻離我們不會太遠。

無論如何，車輛的安全、減輕駕駛者的減輕負擔、舒適性等這些和ITS(Intelligent Transport System：智慧交通系統)相關的部分，都在不斷地進化著，這種勢頭一往直前，是收不住的。雖說如此，汽車廠家和零件廠家仍在毫無倦怠地在技術方面不斷追求，一點點地走向實用化的方向。

▌西門子的電氣式線控煞車(brake-by-wire)

在機械式、油壓式長時間統治的煞車裝置的世界當中，作為引進電子裝置的範例，首先是西門子 VDO Automotive AG 參考出品的 "電氣式線控煞車(brake-by-wire)"(正式名稱為：電子楔式煞車器，Electronic Wedge Brake)。透過使用無刷馬達運轉卡鉗活塞，得到煞車力。其結構是在相互對向的鋸齒狀凹坑中存在滾針軸承，透過滾針軸承的運動、帶動活塞運動，所以不僅是在本身倍力的作用下運轉，在沒有通電的狀態下、車輛只有輕微運動時，可以發揮出楔子的效果，可以自動地加上煞車。這種結構應該說是所謂"任意地停車及煞車結構"，很有意思。最初是一個叫做 E Stop

西門子提出的煞車線控方案。左邊部分和從前的款型相比，系統更加簡便。

的、和宇宙航空相關的企業創新出來的概念，今後經過辛勤地開發、克服存在的幾個故障模式後，就可以實現商品化，過不了幾年就可以問世了。不僅是不需要煞車輔助倍力器、控制油缸、煞車軟管及導管，還裝載了 ABS、ESP。請看下圖中的照片。您所看到的照片左邊是從前類型的油壓式

煞車、右邊是電子式煞車，是根據其緊
湊程度進行區分的。

　　作為線控的故障安全(Fail Safe)對
策，有富士機工生產的 SBW(線控轉
向)，這是一種即使在電源發生了故障、
也是安全的電纜式轉向柱。由於使用了
電纜，所以設計的自由程度很高，由於
沒有傳動軸、所以具有在撞擊之下的安

關於裝載了故障安全(Fail Safe)的轉向線控的實用化，尚需努力。

全性高等的優點。據說光洋精工負責轉向柱部分，正在和富士機工一起開
發。展示品本身還是極為初期的雛形，所以實現商品化的道路還會很長。

▍貢獻於車輛狀態穩定的控制系統

　　搖擺率感測器或是 G 感測器，都是安裝在受到電子控制的現代型車輛
上的。NTN 的智慧車軸(Intelligent Axle)在輪轂軸承上安裝了檢測側向力的
感測器、在傳動軸上安裝了檢測驅動力的感測器。由於在所有的 4 個車輪
上都安裝感測器，所以傳感變得更加精密、更加快速，可以有助於防止車
輛的滑動或是側滑，極大的提高了控制性。由此確立了今後開發出微小失
真的技術，據說 3 年以內可以投入市場。

駕駛軸中新的附加值。安裝使
車輛穩定化的感測器的想法。

日本精工的多傳感輪轂系統，
將在 2～3 年之後登場。

　　日本精工除了生產車輪速度感測器之外，還開發多傳感輪轂單元
(Multi-sensing Hub Unit)，它可以探測橫方向的路面抓地力。傳感是非接觸

由減振器的專業廠家昭和風機提出的電磁式減震器方案。

類型的，詳細情況尚不明確，但是據說可以透過車體上安裝的搖擺率感測器等，實現極為精細的感測。公司的負責人告訴本書作者，這種產品不會提高成本，現今課題是向汽車廠家提出方案，究竟怎麼樣控制才能具體地使之發揮作用。

昭和風機(SHOWA)的電磁式減震器也是車輛控制元件之一。在上端支架(Upper Mount)上安裝了小型馬達，透過馬達的力旋轉滾珠螺桿，極為精細地控制衰減力。由於可以透過加減馬達的輸出、控制伸出和收縮時的衰減力，所以理論上無需加油、也不需要彈簧(但是，在切斷電源時必須有彈簧)，據說也可以調整車輛高度。當然這也是參考出品的，好像正在探尋商品化的可能性。

▌傳達資訊的顯示器

位於儀錶總成上的儀表板及顯示器，原本是作為傳遞資訊的部分而存在的，現在，這個領域裏也發生了變化。

西門子的 HyVision 儀錶，是在大型 TFT 顯示器上可以整合 2 個資訊的系統。駕駛者可以根據自己的喜歡選擇專案，例如可以選擇同時顯示速度表和汽車導航系統。乍看之下被認為是類比顯示的速度表或是引擎轉速表的指標，實際上只不過是影像而已。據此，可以格外提高儀錶的自由度，但是對於上了年紀、不能適應類似手機中複雜操作的人而言，可能是通用程度很低的商品。另外還準備了通用設計的儀錶，也展示了新型仰視顯示器。所謂仰視顯示器，由於視線移動較少，可以說是關懷年長者的一種儀錶。當然，對於健康並正常的駕駛者而言，也是視覺友好的顯示器。順便一提，這種西門子的仰視顯示器，已經用在 BMW5 系列和 6 系列上。

現在介紹日本精機的白色有機 EL 顯示器。所謂 EL，就是 Electro luminescence(電發光)，用電極夾住有機材料，透過加入電壓、進行電子和電洞的再結合激勵，然後發光，並對此進行顯示。雖然和 LED 很相似，但是如果 LED 遇到太陽光的話，就會有看不到的(被稱為沖失)缺點，EL

顯示器卻沒有。而且還有應答迅速、可以實現 2mm 以下的薄型化等優點。這是不使用水銀、鉛的環保型儀錶。在製造時頗使人費心的是，即使 1 微米的微塵也會帶來不好的影響，所以是在無塵室進行裝配，耐久性也很高。

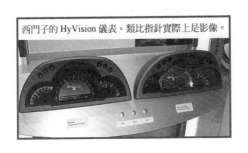

西門子的 HyVision 儀表。類比指針實際上是影像。

白色有機 EL 顯示器

日本精機的白色有機 EL 顯示器。EL 是 Electro luminescence(電發光)的縮寫。

▌駕駛者車座周圍的電子化

作爲從轉向柱發展到光開關的廠家、享有盛名的東海理化，推出了以未來爲目標的車座安全帶。在後視鏡中埋入 CCD 鏡頭，如果發現駕駛者心不在焉，處於"危險狀態"時，就可以透過車座安全帶中內置的振動功能搖動安全帶，引起注意。這種鏡頭是紅外線類型的，所以在夜間也可以進行監視。

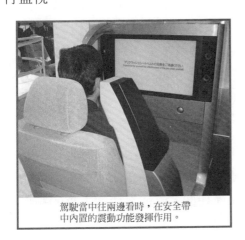

駕駛當中往兩邊看時，在安全帶中內置的震動功能發揮作用。

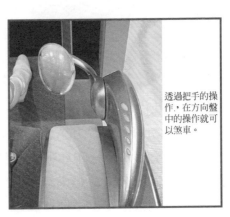

透過把手的操作，在方向盤中的操作就可以煞車。

在東海理化可以親身體驗"下一代驅動控制器"，其配備可以使右手自然伸開、宛如滑鼠似的握柄，輕輕地握住這個滑鼠，就可以不斷前進，可以進行倒車、方向盤操作、煞車。這和 2005 年召開的愛地球博覽會中，頗具人氣的豐田 UNIT 的一人乘坐型車輛基本相同，是根據通用設計得到的想法。在此介紹一下通用設計，這是一種清除障礙壁壘的想法，無論年齡如何、性別如何，誰都可以輕鬆操作的設計。

這種下一代駕駛控制器，可以靈活地運用線控技術。由於前方不存在很大的轉向車輪，所以視野遼闊，也有益於安全。按照負責人的說法就是："可能 10 年後會跨入市場。那時，可能人人都會根據自己的需要替換不同大小、不同形狀的握柄。現在這種類型對於小孩子來說還是太大了"。

▌透過影像確認自己的駕駛水準

可以把駕駛車輛途中瞬間的受驚嚇場景記錄在記憶卡當中，是矢崎總業出品的一種名為 YAZAC eye 的機器。這種系統可以拍攝車輛前行方向

矢崎的駕駛影像記錄系統。

的影像，播放錄影、解說、列印、儲存資料，有助於防止事故發生，也有助於安全指導。換言之，由於可以留下急踩煞車前後的影像，據說得到了計程車行業和汽車學校的訂單。一次的儲存時間約為 2 秒，記憶卡容量為 512MB。最大儲存次數是 72 次。從 2005 年 5 月開始銷售，價格為 7 萬 5000 日元。開發者這樣告訴本書作者："由於車輛不同，G 值也會不同，所以在價格設定方面絞盡了腦汁"。鏡頭是 CCD 的、像素為 27 萬像素。

▌EPS 的進化

電動動力轉向裝置(EPS)把車用電池作為驅動源。由於只有在需要的時候才會消耗動力，所以和油壓式動力轉向裝置相比，在節能效果方面頗具優勢，現在使用 EPS 的越來越多。不僅僅如此，這種系統在未來的線控系統或是自動駕駛中，也是具有很好的發展性的系統。

根據不同的輔助種類整理從前的 EPS，可以分為齒條輔助類型、齒輪輔助類型、軸輔助類型 3 大類。

　　齒條輔助類型是把輔助結構(馬達、減速齒輪)配置在齒條(輸出軸)上的方式，這是面對大型車等需要很大輸出的設計。齒輪輔助類型把輔助結構設置在車室外，和軸輔助相比、安靜性佳。軸輔助類型把輔助結構放置在車室內，所以安靜性方面稍稍有些問題，但是由於其是輕量緊湊型，所以裝載性佳，多爲小型汽車等採用。

　　作爲先進的 EPS，在同樣的齒條輔助方式中，有一種是皮帶驅動類型。這種類型使用在昭和風機(SHOWA)的加速器當中，透過高輸出無刷馬達和 2 段減速結構(皮帶和滾珠螺桿)、在低慣性和低摩擦下實現卓越的操控感覺和安靜性。據說這是面向 SUV 等重型、大型車的大輸出而設計的。主體中央部的直徑比較小，所以可以裝載到 FR、4WD 上。本書作者聽

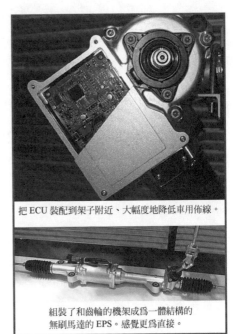

把 ECU 裝配到架子附近、大幅度地降低車用佈線。

組裝了和齒輪的機架成爲一體結構的無刷馬達的 EPS。感覺更爲直接。

到了這樣一段秘史："開發最初階段並不是想設計皮帶驅動、而是設計了齒輪驅動，但是由於聲音煩人，所以最終沒有成形。"

　　雖然一般情況下會另行設置控制單元 ECU，但是估計和 ECU 一體化的 EPS 在不久的將來就會登場。由於被模組化、所以具有不需要系統佈線的這一優點。需要提及的是，這是現在正在開發的類型，現在的課題是：把 ECU 設計成更爲緊湊的類型、以及抗震性和防水性。

　　同樣是昭和風機(SHOWA)設計的新型 EPS 中使用了"齒條輔助的直接驅動方式"。這種方式是：和齒輪套一體結構的無刷馬達透過滾珠螺桿、可以直接輔助於輪

區區的 7kg 的後置型 EPS。可否實現呢……

出軸，因此具有高剛性、低慣性、低摩擦，實現卓越的操控感覺。ECU 另行配置。需要說明的是，這種類型被迅速地使用在新型喜美(CIVIC)當中。

還有一種可以裝載在競技賽車(Racing Kart)當中的超緊湊型 EPS。在轉向柱上用螺栓緊固，呈擠入輸入軸和輸出軸之間的樣態。現如今感覺應該適用於高爾夫球車等，如果協調好了的話，也有可能用於緊湊型車輛上。車座下側裝配的 ECU，重量還不到 7kg。

▌車座的進化

車輛車座在跨越 10 年的時間內，發生了戲劇性的進化。作為進化車座的範例，我們可以觀察新型喜美(CIVIC)，坐墊使用了低反彈聚氨酯坐墊，透過使前後方向的彈簧間距寬幅化，提高振動吸收性。還有，透過把樹脂彈簧設置得稍微向後、向下，形成可以自然地被拉進車座深處的形狀。

在安全性方面更加動了腦筋。使用了可以減輕撞擊時頸部受傷的"帶有慣性鎖定結構的活動護頭(Active Headrest)"。這是在發生追撞時、內部的連結結構運轉，使頭枕向前方推出，透過保持這種狀態來確保高度的安全。需要提及的是，多虧了這種結構，在美國的 IIHS(美國高速公路安全保險協會)實施的鞭打性測試中獲得了最高評價"GOOD"。這種車座是東京車座公司的後身：A S TECH 公司和本田共同開發的。

提高安全性、乘坐性、方便性等的新型娛樂型的座位。

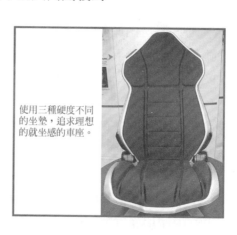

使用三種硬度不同的坐墊，追求理想的就坐感的車座。

豐田紡織設計出來的最近未來型車座，是薄型異硬度車座。在車座表面把不同硬度的襯墊佈置為塊狀，實現與人體結構匹配的理想的就座狀態。具體是配置硬度不同的 3 種襯墊。在設計方面，具有摩托車的車手服所具有的、功能方面很強的保護感，追求的是運動及狂野的印象。

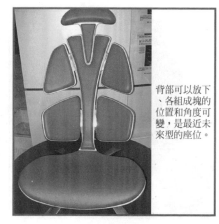

背部可以放下、各組成塊的位置和角度可變，是最近未來型的座位。

　　豐田紡織還設計出一種具有越野賽用的自行車所擁有的"薄型""輕量"功能的最近未來車座。從猶如脊椎動物的骨頭似的軸中、左右伸出了 4 根支撐，保護著肩部和骨盆。這 4 根支撐可以改變各自的角度，上部的支撐擁有上下可變的結構。在長時間駕駛時，可以改變接觸身體的點。取名為"薄型超小車座"。

　　同一展廳中，還展示了舒適型車座，這種車座現在馬上就應該可以用於高級車的後座上。這是一種在頭部注入了使人身心舒暢的音樂以及新鮮空氣，當貴賓們奔赴下一個會議的途中，可以在路上充分休息的概念車座。開發只用了六個月，完成速度是很快的。

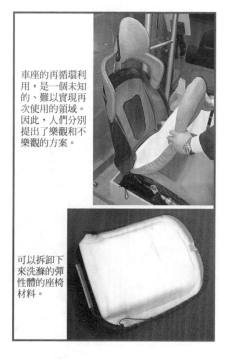

車座的再循環利用，是一個未知的、難以實現再次使用的領域。因此，人們分別提出了樂觀和不樂觀的方案。

可以拆卸下來洗滌的彈性體的座椅材料。

　　還有一種 TS tech 生產的環保車型。現代車輛的車座，無論是性能、品質還是成本方面，都是以聚氨酯為主流，這種車座的結構使用聚酯類的彈性體纖維。和聚氨酯材料相比，重量輕 30％、透氣性很高，在廢棄時不用費力地特意分離表皮材料，可以實現材料的再次回收。在此需要說明的是，現在人們把完成使用的聚氨酯材料做成小片，再次用於車輛的修整等，但是並不能一次次地不斷循環使用。這種車座可以很簡便地進行多次拆卸，也可以進行洗滌，這一點是很有意思的。也許會被戶外活動型車輛使用。

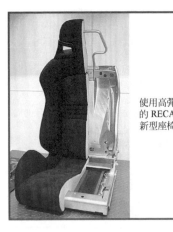

使用高彈力材料的 RECARO 的新型座椅。

從明年就要迎接創業 100 年的 Recaro 當中，也誕生了新型座架。IS05 採用了全雷射焊接，製成了薄壁、高強度的座架。原材料用的是高張力鋼板，重量和從前的施工方法相比輕 5%。一般的座架中，由車座的鉸鏈部接收發生追撞時的能量，但是這種座架透過後圍板變形吸收撞擊能量。在追撞時，透過支撐面前方的儀表板壁區域(壁厚為 1mm)的碰撞吸收撞擊能量。在日本汽車廠家的安全基準之一"時速 55 公里的前衝突實驗中，乘客移動距離在 300mm 以內"、可以實現這個基準的約一半，即 157mm。賓士曾經用鎂製作過座架，但是考慮到成本或是整體性能方面，負責人認為這一次使用高張力材料的方式才是最為合適的。附帶一提，Recaro 的車座在 20 年前就是可以修復的。

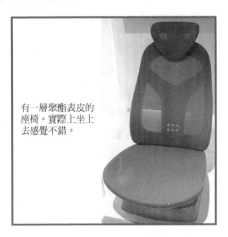

有一層聚酯表皮的座椅。實際上坐上去感覺不錯。

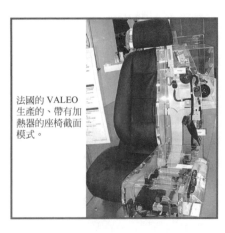

法國的 VALEO 生產的、帶有加熱器的座椅截面模式。

用一塊布製成的、被稱為下一代汽車座椅的非常簡易型產品登場了。Banex 就是這種產品。格外地壓縮了車座的空間，並且具有高度的耐久性。位於京都的川島織物，一直以來就是車座表皮佔全國份額 30% 以上的老店，也負責皇室車輛的內部裝飾。這種原材料統一使用可以再次回收的聚酯類纖維、在解體時極為容易拆卸。還有就是，從前車座的一個椅墊部重量為 3.5kg、新型椅墊據說只需 0.3kg。透過耐久測試，可以證明負載了 100kg 載荷的 5 萬次的壓力下，僅僅伸展 3mm 以內(寬度為 40cm)，負載 50kg 載荷的 150 萬次的壓力下，伸展程度也在基準範圍內。商品名為"Banex"，還可以追加腰部支援等的附加功能，如果可以量產的話，確實比從前的車座便宜很多。整體重量可以輕 3.5kg。

斜倚、後倒車座中的新一代登場。按鍵式。

還有一種車座上備用空調設備。從前的空調車座上使用的是被稱為半導體製冷元件的高價原材料，所以成本很高、遠遠達不到實用的目的。這種經 Valeo 設計的車座，從空調設備中導入了導管，專門把加熱器設置在車座下方，透過對車座本身進行冷卻和加溫，提供舒適性。今後的課題，據說就是研究大人、孩子、胖人、瘦人都可以感到舒適的車座溫度，實現商品化。據說現在正在向歐州車廠家提出方案。

車座斜倚、後倒也出現了新的結構。這就是富士機工的"按鍵式手動步進躺椅"。僅需按下按鍵、就可以步進調節斜倚、後倒角度。使用高強度的行星齒輪(planetary gear)、實現鎖定 鎖開的結構。由於可以吸收車座向後的哼噠聲，急大的提升了就座的舒適感。現在正在開發，還需要等待其實現商品化。

▎煞車零件的進化

作為重要安保零件的煞車軟管是橡膠制的、所以會產生劣化，為了防止劣化，開發了耐久性高、並且膨脹小的新型煞車軟管。

豐田合成生產的新型煞車軟管中，使用了 2 層高度抗疲勞的、高強度的聚酯樹脂(PET)，不斷提高耐久性，透過織入結構的最佳化，抑制了加壓的補強絲層的多餘動作，提高了低膨脹性。現行產品中使用的原材料之一 NR，就是 Natural rubber，也就是天然橡膠。所謂 EPDM，就是和車門的密封條為同一原材料的三元乙丙橡膠(EPDM)。據說耐久性可以提高 15~20％。透過摩托車的煞車桿確認感覺之際，可以感覺到遊隙很少、很穩當。

曙煞車工業的煞車轉子，致力於克服現存煞車系統的弱點。如果使車輛用的年限超過 8 年，就會感覺到鑄鐵制的圓盤轉子的鐵銹在加速增加、品質變得越來越不好。特別是在緊湊型車輛的世界當中，有的時候不能很好地解決這個問題，所以對卡鉗進行了鋁化(表面進行耐酸鋁化處理)、轉子用 SUS 製造。

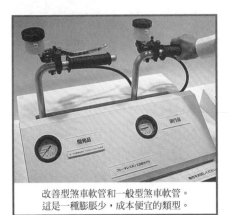
改善型煞車軟管和一般型煞車軟管。
這是一種膨脹少，成本便宜的類型。

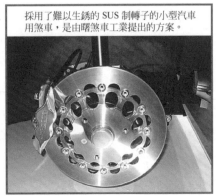
採用了難以生銹的 SUS 制轉子的小型汽車用煞車，是由曙煞車工業提出的方案。

下一代緊湊型車輛中，還有稍顯豪華的旋轉煞車。在摩托車的世界中，很久以前 SUS 轉子登場，這是因爲摩托車是低負荷的、用了 SUS 轉子的話，易於選擇襯墊。在車輛的世界中，SUS 轉子卻實實在在地成爲選擇襯墊時的麻煩，在聲音和振動方面，不清楚用戶的意向是不行的。

▌車燈的進化改變了車輛的風格

KOITO 的 LED 頭燈。作爲下一代光源 LED 的壽命，要比 HID 更長，使用 10 年完全沒有問題。最大的要點，在於提高了車輛形狀的自由度，可以任意地改變車輛的旋轉車燈的設計。在眞正實現實用化的過程中，必須跨越成本、尺寸精度、配光特性等這些障礙。

關於和下一代頭燈 LED 有著深切關聯的車燈類，廠家還提出了燈泡鎢絲等設計方案。

作爲新一代輔助車燈一共有兩種。一種是使用了高亮度 LSD 的、眞正的日光車燈，這種車燈兼顧了白天時的認知度和時尚性。據說可以根據車種的不同，採用各種時尚的安裝形式，這一點頗有魅力。

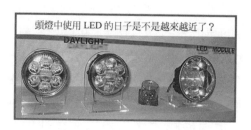

頭燈中使用 LED 的日子是不是越來越近了？

經過了 90 年，雨刷馬達的革新終於開始。

還有一種，就是一個車燈為霧燈、可以和駕駛車燈進行切換的、全世界唯一的 HID 多功能車燈。擁有依靠螺線管運轉的遮蔽罩，可以切換配光。以上兩種現在作為參考而展出的產品。

▌突破性的雨刷系統

下一代的雨刷馬達很引人注意。這是一種透過內置在馬達內部的 CPU，控制馬達運轉、可以實現各種動作的雨刷系統。這種馬達上配置了可以自由地正轉、逆轉的刷子。可以透過程式縮窄或是擴大擺動角度。

如果使用一般的雨刷，在高速行駛時，支柱這個地方容易泛出，新型雨刷系統可以控制擺動角度，所以不會產生泛出。

一般的雨刷馬達呈圓形運轉，但這種雨刷馬達的連桿不會整圈轉動，所以整個系統呈小型化，容易確保行人的安全空間。

這種雨刷馬達可以控制位置和速度，所以在積雪的時候，負荷也不會變大，不會給雨刷本身增加負擔，所以可以延長壽命。更有易於追加容納旋臂的功能，所以變得更加美觀，這

在日常見不到的密封條上、也投入了未知的新技術。

也是一個優點。2005 年 11 月被初次登場的奧迪(Audi)採用。需要提及的是，這種技術是和博世(Bosch)共有的，但是三葉生產的馬達部分會更輕一些。

▌追求車體可以達到的舒適性

豐田生產的凌志(LEXUS)IS 的車門密封條，追求的是最高級車型的車門密封性能。在這種車輛的車門密封條中有以下三種特點：減少和玻璃間段差幅度的玻璃導槽、提高內面密封性的車門密封條、開口式車門密封條。

這三者的原材料都是 EPDM(三元乙丙橡膠)。破費苦心的是如何吸收車身和車門之間餘隙的偏差。如果提高橡膠強度，則密封性變得不好，相反噪音會變大，所以和往昔的車輛相比，密封條的數量從 1 個增加到 4 個。

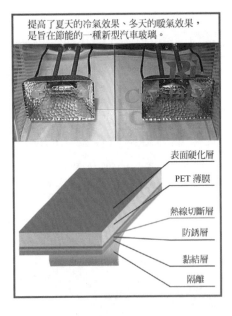

提高了夏天的冷氣效果、冬天的暖氣效果，是旨在節能的一種新型汽車玻璃。

表面硬化層
PET 薄膜
熱線切斷層
防銹層
黏結層
隔離

東海橡膠工業的透過式紅外線截斷膜"Crystal Veil"中也活用了節能技術。這種薄膜可以切斷從視窗照射進來的紅外線，抑制車內的溫度、減少 CO_2 排放量。

可見光線(可見光線的透過率為 70%)可以透過，但是紅外線等的紅外光線可以減少約一半。由於可以貼在玻璃的內側，所以使用方便。眩光度也和一般的玻璃的程度相同，所以沒有不協調的感覺。價格是每 $1m^2$ 約 1000 日元。照片中的右側是完成 Crystal Veil 施工的情景，可以用手心感覺到光線透過時、熱量上升的感覺。

▌易於維修的想法，

使車身的製造產生變化在歐美的保險公司和日本的保險公司的世界中，很少討論相互之間有什麼不同，有可維修性這個概念。

所謂可維修性，就是修復的容易程度。在歐美，車輛的保險費用會由於修復程度的不同，而有很大的變化。具體而言，如果時速 20 公里左右程度碰到了車頭的時候，車輛本身僅僅是保險桿損傷(更換)、或是需要更換水箱護罩、或是不得不更換引擎蓋，由於以上的不同，保險費率之間有著很大的差異。

　　關於這種問題，日本的用戶幾乎很少能夠關心到這種地步的，但是歐美的保險公司在進駐日本市場時，由於和撞擊安全性和可維修性之間都有很大的關聯，所以作爲這幾年汽車廠家也不能忽視的事宜，充分地開發車身。

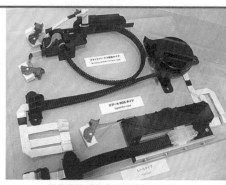

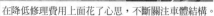

在降低修理費用上面花了心思，不斷關注車體結構。　　　　滑動門的電動化及導線的可動化。

　　作爲易於理解的事例，是 2005 年 9 月登場的 Ractis 的水箱架。依靠輔助框架和螺栓連接，在被限定爲某種程度的低速中產生撞擊時，這種水箱架在黏黏糊糊的可折疊狀態下撞擊，不僅僅可以保護冷卻蕊子，還可以原封不動地維持後面部分的無傷狀態，產生了保險的作用。

　　多虧了水箱架，修復的費用變得便宜。當然，這後面多虧了可以對撞擊能量進行精密地解析。附帶一提，這種透過車身車架產生了保險作用的想法，是富豪(Volvo)最早提出來的。

█ 滑動門的進化

　　麵包車或是 SUV 的滑動門的自動化，是最近的車體電子世界中的小小趨勢。連微型麵包車也裝載著不久之前還被視爲奢侈的這種裝備。不僅僅有電動滑動，有的車型上還裝備了可以切實地實施關閉、半開門狀態的關門系統。

　　上述的電動化中，線束成爲機械方面的要點。通常的線束零件原本不是能夠運轉的，但是爲了組裝到滑動門當中，要求有一定的彎曲和運轉。當然，由於門的存在、所以不能在底部外露，必須在隱藏這個零件本身的

基礎上，使之發揮作用。現在正在實現商品化，要求輕量化、自立性、有
40 萬次的耐久性等。

Chapter 7

著眼於未來的輪胎新技術

1.維持車輛性能的輪胎

　　就像人們常說的那樣，車輛和路面接觸的，只有輪胎。無論引擎性能有多好、煞車的性能有多高，如果輪胎不能發揮其性能的話，那麼也是有實不能用。由於輪胎是專業廠家生產的，所以即便出現了新的車款、也不會觸及到輪胎，即使輪胎方面出現了劃時代的技術，也不是由汽車廠家呼籲引進的。

　　輪胎廠家在進行宣傳時，不像宣傳新車型那麼大肆渲染，所以人們很少有機會知道。並且，輪胎是一個轉動著的機件，不會有太多的駕駛者對其性能的好壞加以注意的。

　　但是，由於汽車性能在急速地進化著，所以輪胎也與之連動、不斷地進化著。伴隨引擎性能的提高，促使人們要求提高輪胎的抓地力，力圖增大輪胎的接地面積。低扁平輪胎的不斷增加，這是和汽車性能提高緊密相連的。

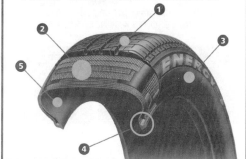

◆輪胎的主要結構(米其林)
①胎面：和路面連接的部分是由厚厚的橡膠膜構成的。在確保排水性的同時，也必須確保耐久性。
②突起層：使用 2～3 條安全帶，使垂直方向靈活、橫向變形困難，穩定和地面的接觸性。
③輪胎壁：指的是從胎面直至輪轂的部分，在涵蓋著外胎進行保護的同時，把輪胎固定在車輪上。
④把輪胎固定在輪轂上的車圈部：內部的鋼絲圈，把輪胎緊緊地固定在輪轂上。
⑤內襯墊層：保證輪胎的氣密性、維持適當的內壓。

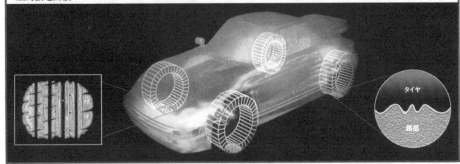

關於和路面接觸的輪胎面積，為了使大家更加明白，每一片都用一張明信片表示。這種和地面接觸的面積，在拐彎和路面變化時也會變化，但是接地面積越小越好。不論在何種狀態下，重要的是都需要保持規定之上的接地面積。

輪胎技術的革新

如果提高了抓地力，伴隨而來的是旋轉阻力變大，容易導致耗油量惡化。為此，透過橡膠的調和或是在輪胎花紋方面下工夫，不斷努力地盡可能降低旋轉阻力。另一方面，無論性能有多好、如果輪胎磨耗增加了，則什麼也成不了。良好的抓地力和提高磨耗，是兩種相反的性能，所以要求使用可以兼顧這兩者的技術，對輪胎性能方面的要求也越來越嚴格。此外、也必須盡量減少輪胎產生的噪音。

為了致力於解決困難的課題、出現成績，各輪胎廠家各自選擇命名為 "DIGI TYRE"或是"AQ DONUTS"等的產品。在不知不覺中，輪胎就已經有了很大的進展。

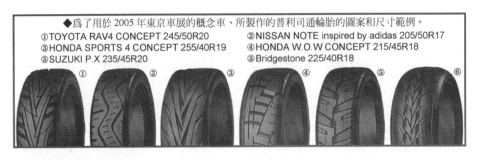

◆為了用於 2005 年東京車展的概念車、所製作的普利司通輪胎的圖案和尺寸範例。
① TOYOTA RAV4 CONCEPT 245/50R20　② NISSAN NOTE inspired by adidas 205/50R17
③ HONDA SPORTS 4 CONCEPT 255/40R19　④ HONDA W.O.W CONCEPT 215/45R18
⑤ SUZUKI P.X 235/45R20　⑥ Bridgestone 225/40R18

可以說是其中代表的，是雪地用防滑輪胎。過去如果不在輪胎上打道釘的話，就不能放心地在冰雪道路上行駛，現在的多季輪胎已具有了超越道釘輪胎的性能。由於輪胎接地面只要有一點點水，就會產生打滑，所以在輪胎花紋中加入可以吸收水分、並且使水分飛散的效果。當然，在和柏油路等不同的、具有低摩擦係數的冰雪道路中，為追求良好的抓地力、使用了相對應的橡膠和輪胎花紋。

由於車輛有多樣化傾向，所以當然也隨之要求輪胎尺寸的多樣化，出現了和小車等的轎車類型不同的 SUV 等的專用類型。重心位置高的 SUV，在轉彎時輪胎的彎曲會變大，所以必須要有與此相對應的剛性結構。

降低輪胎旋轉阻力，是和降低耗油量聯繫在一起的，所以各輪胎廠家不斷開發著輪胎，即使會降低移動阻力。

合成橡膠或是炭黑等這些輪胎的主原料，由外人所不知的分子連接方法不同、性能方面也會不同，所以根據這方面的專有技術為基礎、製成化合物，並且在化合物中使用了輪胎花紋的設計，力圖降低旋轉阻力。在乾燥路面和濕潤的路面上，由於所要求的性能不同，所以必須要能兼顧乾燥和濕潤這兩個方面。

以普利司通(Bridgestone)為開端的輪胎廠家，開發的輪胎內側和外側的側邊形狀不同的非對稱形狀的輪胎，可以應對各式各樣的要求。

開發非對稱形狀的輪胎，目的是為了防止由於路面的高低不

關於多季輪胎的性能，透過冰坡表面的薄薄水膜，可以產生不會打滑的作用。為此，在倍耐力(Pirelli)公司，輪胎上組裝了吸水自然纖維，可以吸收表面水分，得到抓地力。

水膜
冰坡
水膜
冰坡
吸水自然纖維

◆TOYO 輪胎的無釘防滑輪胎

各塊的圖案中，切出了詳細的輪胎溝槽，可以吸收路面上的水膜。輪胎中央是由很粗的中心槽和波浪溝槽以及橫向的、很細的輪胎溝槽組成。兩側的圖案中，在塊狀的輪胎溝槽內部斷面上設計了凹凸，可以支援煞車或是驅動等時的負荷，確保接地性。旁邊的塊狀圖案擴大為縱、橫、斜，把塊狀設置為鋸齒形狀，全方向地提高抓地力，由此提高牽引力性能和煞車性能。

平、或是路面彎曲等導致干擾時、輪胎上產生的側滑。由於設置為非對稱式樣的話，更能因力量的變動而減少輪胎的側滑，所以可以產生防止偏磨耗的效果。

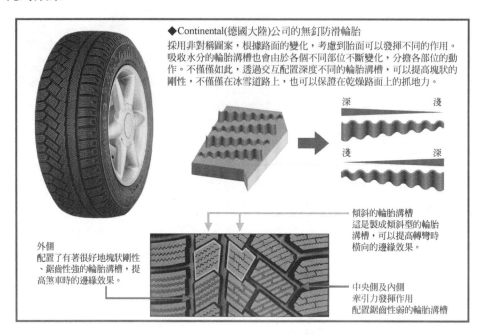

◆Continental(德國大陸)公司的無釘防滑輪胎
採用非對稱圖案，根據路面的變化，考慮到胎面可以發揮不同的作用。吸收水分的輪胎溝槽也會由於各個不同部位不斷變化，分擔各部位的動作。不僅僅如此，透過交互配置深度不同的輪胎溝槽，可以提高塊狀的剛性，不僅僅在冰雪道路上，也可以保證在乾燥路面上的抓地力。

深　　　　淺

淺　　　　深

傾斜的輪胎溝槽
這是製成傾斜型的輪胎溝槽，可以提高轉彎時橫向的邊緣效果。

外側
配置了有著很好地塊狀剛性、鋸齒性強的輪胎溝槽，提高煞車時的邊緣效果。

中央側及內側
牽引力發揮作用
配置鋸齒性弱的輪胎溝槽

提高輪胎的安全性

車輛的安全性中相當大的部分，是靠輪胎支撐的，所以和安全性相關的技術開發不斷在前進著。在過去，人們認為難以爆胎、或是把磨耗抑制在最小限度等是重要的，現在已經高水平地達到了這一目標，已經進展到可以安裝向駕駛者提示氣壓減少等的系統。

雖說是難以爆胎，但是爆胎的概率也不是零，輪胎內的空氣，也確實在一點點漏出。由於輪胎氣壓的減少，對行駛性能有著很大的影響。因此，如果輪胎的氣壓不合適的話，在駕駛者注意之前就給出警告的話，才是安全的。

如果一點點漏出空氣，則極有可能駕駛者注意到的時候已經晚了。注意到的時候，車輛的動作已經不穩定的話，是很危險的。

　　爲此，人們開發出透過感測器擷取到氣壓減少、輪胎抓地情況變化的報警系統。

　　除了可以維持車輛穩定性的各種系統之外，幾年前汽車廠家開發的安裝了"輪胎氣壓減少報警裝置"的車型也出現了。

　　雖然還僅限於一部分高級車型，除了以上的動向，輪胎廠家也再不斷開發出向駕駛者通知氣壓減少的系統。

　　即使爆胎也可以行駛一段距離，這被稱爲防爆輪胎(Run flat tire)，已經在部分車型中作爲標配輪胎安裝上了。

　　即使發生了爆胎，也不用馬上更換輪胎，這是安全方面的一個很大的優勢，如果安裝這種輪胎的話，則具有不用準備太多備用輪胎的優點。可以想像，今後安裝防爆輪胎會越來越多。

🔲 環保方面的考慮

　　在大約 200 個零件組裝成的輪胎，會消耗極大的能源。如果是米其林輪胎的話，平均算下來，一個轎車

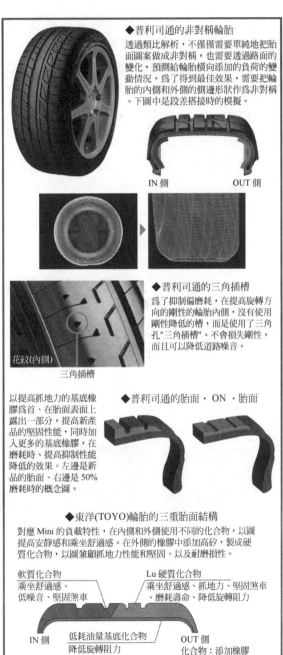

◆普利司通的非對稱輪胎

透過類比解析，不僅僅需要單純地把胎面圖案做成非對稱，也需要透過路面的變化，預測給輪胎橫向添加的負荷的變動情況，爲了得到最佳效果，需要把輪胎的內側和外側的側邊形狀作爲非對稱。下圖中是段差搭接時的模擬。

IN 側　　　　　　OUT 側

◆普利司通的三角插槽

爲了抑制偏磨耗，在提高旋轉方向的剛性的輪胎內側，沒有使用剛性降低的槽，而是使用了三角孔"三角插槽"。不會損失剛性，而且可以降低道路噪音。

花紋(內側)

三角插槽

以提高抓地力的基底橡膠爲首、在胎面表面上露出一部分，提高新產品的堅固性能，同時加入更多的基底橡膠，在磨耗時、提高抑制性能降低的效果。左邊是新品的胎面、右邊是 50% 磨耗時的概念圖。

◆普利司通的胎面・ON ・胎面

◆東洋(TOYO)輪胎的三重胎面結構

對應 Mini 的負載特性，在內側和外側使用不同的化合物，以圖提高安靜感和乘坐舒適感。在外側的橡膠中添加高矽，製成硬質化合物，以圖兼顧抓地力性能和堅固、以及耐磨損性。

軟質化合物
乘坐舒適感、低噪音、堅固煞車

Lu 硬質化合物
乘坐舒適感、抓地力、堅固煞車、磨耗壽命、降低旋轉阻力

IN 側　　　低耗油量基底化合物　　　OUT 側
　　　　　降低旋轉阻力　　　　化合物：添加橡膠

用輪胎重量佔據的能源相當於 27 升石油。其中 21 升用於原材料，6 升用於生產技術。如果是卡車用輪胎的話，那麼一個輪胎相當於約 100 升石油的能源。為了不浪費這種寶貴的能量塊，以米其林為首的輪胎廠家，致力於無浪費地生產、再生循環、輕量化等，力圖減少能源使用。

從現在開始，讓我們更為詳細地介紹最新的趨勢、圍繞著未來型輪胎的廠家動向等。和車輛一樣，分派給輪胎的課題，同樣是節省耗油量、安全、提高性能。

車輛以擺脫石油為目標發生著變化，人們也熱衷於嘗試製造複雜的輪胎。這方面的代表，是住友橡膠生產的、為了減少對石油依賴性的輪胎 "ENASAVE"，還有橫濱橡膠生產的"下一代輪胎應急套件(TMS)"，米其林生產的、不需要充氣的未來輪胎"Tweel"。

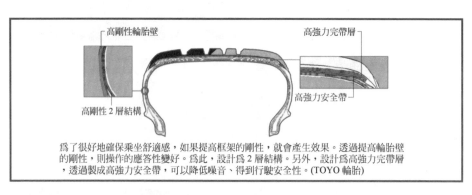

為了很好地確保乘坐舒適感，如果提高框架的剛性，就會產生效果。透過提高輪胎壁的剛性，則操作的應答性變好。為此，設計為 2 層結構。另外，設計為高強力完帶層，透過製成高強力安全帶，可以降低噪音、得到行駛安全性。(TOYO 輪胎)

透過旋轉輪胎，可以均勻輪胎的磨損，結果是可以延長壽命。為此，輪胎可以得知什麼時候旋轉為好的、就是 FALKEN 的"SearchEye"。可以得知輪胎胎面中的 SearchEye 的磨損情況。

☰ 2.防爆輪胎的普及及其帶來的技術革新

發生了爆胎等現象、即使輪胎氣壓爲零，也可以保持 80km/h 左右的速度，並且可以行駛一段距離的，就是防爆輪胎。在一般的輪胎中，如果由於爆胎等導致氣壓減少，就不得不更換備胎，但如果使用了防爆輪胎，則不用在路邊等地更換備胎、同時也不會發生危險，所以不用把備胎裝載在行李箱。

最近，標配安裝防爆輪胎的車輛一點點地增加著。可是，還遠遠達不到真正地普及，從現在開始應該會不斷有所增加。

⊐ 防爆輪胎的必要性

防爆輪胎的實用化並不是一個新鮮產物。1973 年鄧祿普(Dunlop)就開始銷售品牌名爲"Denovo"的防爆輪胎，這種輪胎裝載在羅孚(Rover)或是迷你(Mini)等英國車型上。但是，由於這種車輪是專用的、所以僅限於偏平率在百分之六十五以下的尺寸、輪胎價格偏高，只有部分車輛才會使用。其後，1979 年改良爲即使爆胎也不會降低多少乘坐感的產品。

普利司通在防爆輪胎方面的努力，是在 19 世紀 80 年代前半，面向殘疾人用的車輛進行設計，並實現了交貨。關於量產車輛，是 1987 年提供銷往保時捷(Porsche)959 的標準安裝輪胎爲開始的，以在歐洲的安裝爲中心。1999 年之後，由於圍繞著汽車社會的環境變化，所以安裝了防爆輪胎標準的車輛增加，根據 2004 年 2 月末的出貨量，廠家累計出貨數量已經突破了 100 萬隻。

以歐洲爲中心，在不斷擴大使用率的同時，由於日本實行行政指導制度，需要審核有沒有和法規抵觸、需要不需要有備胎等等，在這種情況下，並沒有出現想要安裝防爆輪胎的汽車廠家。但是，由於這種輪胎已經安裝在外國廠家的車輛上，所以也在不斷創造著在國產車上使用的一個環境。

由於高齡駕駛者及女性駕駛者的增加，所以人們希望在狹窄道路或是高速公路等當中，即使爆胎、也不用更換輪胎。在免維護技術的進步中，更換輪胎也是一個保留課題。

還有一個優點就是不需要備胎，所以在擴大了行李箱空間的同時，也有助於輕量化。

不同類型的兩種防爆輪胎

然而，防爆輪胎需要什麼樣的結構呢？普通輪胎氣壓爲零時、如果繼續跑下去的話，那麼輪胎就會產生很大的變形、彎曲，側邊壁部的橡膠容易破裂、散落。在這種情況下繼續行駛的話，連車輪都會受傷。當然在這種情況下，如果繼續向前行駛的話，那麼就會失去很大程度的穩定性，連跑幾公里也是勉勉強強的。

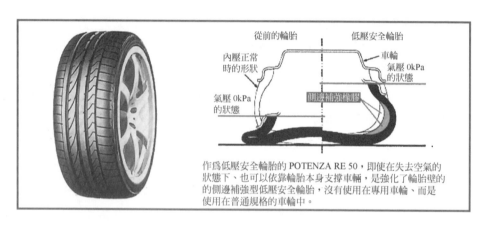

作爲低壓安全輪胎的 POTENZA RE 50，即使在失去空氣的狀態下、也可以依靠輪胎本身支撐車輛，是強化了輪胎壁的的側邊補強型低壓安全輪胎，沒有使用在專用車輪、而是使用在普通規格的車輪中。

爲了在氣壓爲零的情況下、也可以跑出一定的距離，就必須盡可能地減少輪胎的變形。

一般的防爆輪胎採用的方法就是加厚並固定側邊壁部的橡膠、確保防爆性。雖然細節方面有所不同，但是基本上無論哪一個輪胎廠家採用的都是近似的結構。

這種側邊壁部加固的防爆輪胎，一般情況下可以保證在 80km/h 的速度下行駛 80 公里。如果可以保證這種行駛狀態的話，就可以開到修理輪胎的地方。

和這種側邊補強型防爆輪胎結構爲不同類型的輪胎，最近也出現了。其構想是在和輪胎車輪接觸的部分上，組裝使用聚氨酯等製成的補強劑零件，以橡膠製成的柔韌的補強層作爲支撐，即使氣壓變成零，也可以把輪胎的變形抑制在最小限度。

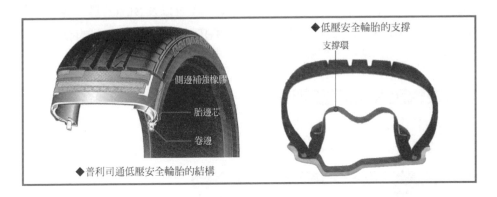

◆低壓安全輪胎的支撐

支撐環

側邊補強橡膠

胎邊芯

卷邊

◆普利司通低壓安全輪胎的結構

1998 年作爲最近未來的防爆胎、發表了"PAX 系統"。這是不會使輪胎從垂直固定的輪轂中脫離的一種類型，所以現在已經實現了其改良型的"PAX 系統"的實用化。

普利司通的中子式防爆系統 "Bridgestone support ring"中，支撐環非常輕，把輪胎的卷邊部分固定在車輪的輪轂上。

米其林使用這種想法做出的防爆輪胎，是採用了"PAX 系統"的輪胎，80km/h 可以行駛 200km。和側邊補強型防爆輪胎相比，行駛距離大幅度增加。

這種輪胎是考慮了車輛在歐洲的使用條件，以某種程度的遠端行駛成爲可能爲目的而開發的。輪胎使用了自鎖結構，機械固定，即使爆胎也可以防止輪胎偏離車輪，車輪不是左右對稱的，安裝了在輪圈上有支援環的輪胎。車輪是特殊的。支撐這種輪胎的補強材料被稱爲支援環。

用同樣的想法製成的是普利司通的內部式防爆系統 "Bridgestone Support Ring"。和米其林的產品不同的是，支援環是用輕金屬製成的，輪胎卷邊部分固定在車輪的輪圈上。

這種普利司通生產的支援環型的防爆輪胎，適用於 65 系列或是 70 系列這種安裝了偏平率高的輪胎的車輛，車型以大型轎車或是 SUV 為物件。系統是從 2002 年開始、和德國的大陸 AG 公司以及橫濱橡膠一起進行技術合作、開發出來的，2005 年在改款的豐田 RAV4(銷往歐洲的款型)上初次亮相。

防爆輪胎和氣壓監視系統

米其林中稱為"PAX 系統"，普利司通中稱為"內部式防爆系統"的，都不是單純安裝了引進新技術的輪胎，而是為了充分地發揮這種輪胎的性能，導入了對其進行支撐的系統。

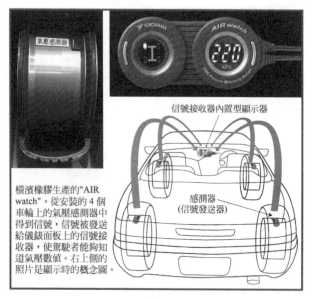

信號接收器內置型顯示器

橫濱橡膠生產的"AIR watch"。從安裝的 4 個車輪上的氣壓感測器中得到信號，信號被發送給儀錶面板上的信號接收器，使駕駛者能夠知道氣壓數值。右上側的照片是顯示時的概念圖。

感測器
(信號發送器)

之所以這樣說，是因為如果氣壓為零、輪胎也不會變形的話，那麼駕駛者就不會意識到爆胎，還會繼續駕駛。但是，雖然即使爆胎駕駛者也可以不用在意，也可以跑足夠的距離是很好的，但是可以儘早地進行修理卻更好的。為此，必須在防爆輪胎中組裝氣壓監視系統。

在這種系統當中，備有以感測器為首的控制單元、報警裝置。時時顯示出氣壓的狀況，發生異常的話，向駕駛者警告。

米其林把可以探測到氣壓變化的感測器內置在輪胎的閥當中。無線發送氣壓和溫度的資料，車體接收這些資訊。不僅僅可以通知爆胎、還可以檢測出 4 只輪胎氣壓的不平衡或是慢慢消氣等。據此，可以經常在最佳值的氣壓下行駛，以確保安全性，防止耗油量的惡化。

橫濱橡膠中實現了實用化的"AIR watch"，現在是非常先進的一種氣壓監控系統。這個系統在輪胎內側安裝了可以探測壓力和溫度的感測器，透過無線發送信號，用儀表板上的接收器擷取到信號，用胎壓顯示器進行顯示。由於 4 輪上安裝了傳感發射器，所以也可以顯示出各個輪胎氣壓的不同。不僅僅可以單純地檢測出防爆輪胎的爆胎，也可以使用在賽車競技中，因爲這種情況下必須檢查到氣壓微妙的變化。

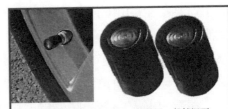

倍耐力(Pirelli)的"Optic"。代替了一般情況下安裝的閥蓋。如果氣壓正常的話，則頭部中央變爲白色，如果氣壓降低，則變成紅色。

具有同樣系統的、倍耐力(Pirelli)開發的"X Pressure 系統"，由於日本的電波法對發送的電波有所規制，所以現在不能馬上在日本國內使用。因此倍耐力面對日本市場開發了把感測器內置在輪胎閥內的"Op/Tech"上，這是一種閥蓋感測器，可以和現存的閥蓋進行更換使用。在正常氣壓時，閥蓋頭部顯示爲白色，如果變成紅色的話，就是向駕駛者發出了警報。這個和橫濱橡膠的"AIR watch"一樣，不僅僅在防爆輪胎中採用。所有的輪胎上如果安裝了這種閥的話，就可以監視輪胎的氣壓。閥感測器的自重爲 3.5g，安裝了防止偷盜的裝置，在探測到內壓降低的那一瞬間，可以關閉汽門，爲了發出報警、不能擴大內壓的降低。這種內置了感測器的汽門，並不是很貴，也就是一隻輪胎的價格。

另外，雖說防爆輪胎無需備胎，但是價格比一般輪胎的 5 個合起來還要高，所以難以迅速普及。而且，在進行修補時，把普通輪胎替換爲防爆輪胎時，最好有顯示氣壓的裝置。現在仍存留如何迅速普及的課題，加之人們對安全性更加重視，在這種情況下，安裝防爆輪胎的時代應該就在眼前了吧。

3.橫濱橡膠的"下一代輪胎監視系統"

說到行駛中的安全性，在主動控制方面尤其可以發揮效果的系統之一，就是防側滑系統。這是一種在路面急劇變化、轉向打得過大等，在轉彎時導致車輛狀態不穩定的情況下，防止車輛從原有軌道滑出去的系統。爲了防止混亂，改變煞車的分配，改變驅動力，以此來保持車輛的狀態。

為了達到以上的目的，以檢測車輛動向的搖擺率感測器為首、電腦還透過檢測加速度的 G 感測器、轉角感測器、速度感測器等給出的信號，做出反應。這種系統，除了有防止煞車時的鎖定的 ABS 裝置、以及不帶來車輪迴旋的引擎驅動力控制系統等、還透過車輛的綜合控制，提高安全性。

在汽車廠家開發的防側滑系統中，在車體側安裝了感測器，這些感測器全部都可以檢測出車輛的狀態變化。

橫濱橡膠開發的"G 感測器"，是具有卓越功能的感測器，直接安裝在輪胎上。由於最早發現車輛狀態變化的是輪胎，所以這樣就可以儘快地掌握資訊。透過安裝這種感測器，不僅僅可以檢測出輪胎氣壓的變化，還可以檢測出車輛的狀態變化，這樣就可以比從前使用的系統更快地進行車輛的綜合控制。因此被命名為"下一代輪胎監控系統"。

支援三維的 G 感測器

這種系統的核心，是橫濱橡膠開發的"G 感測器"。和從前的 G 感測器不同的是，除了壓力感測器和溫度感測器之外，還內置了 3 軸的加速度感測器。所謂 3 軸，指的是輪胎的旋轉方向、離心力方向、橫方向這三者，具有三維感測器的功能。

旋轉方向的感測器接收路面資訊，離心力方向的感測器接收和速度相關的資訊，橫方向的感測器檢測出輪胎的動向。這樣一來，就可以透過輪胎的旋轉速度、或是方向盤的轉向等，檢測出輪胎的狀態、以及擷取到輪胎和路面之間產生的振動或是滑動等的資訊。總之，可以透過一個感測器產生從前的防側滑系統中安裝的多個感測器的作用，是一種很好的產品。

透過一個感測器，可以檢測出路面資訊、速度資訊、角度資訊的資料，並發送信號，可以產生從前多個感測器的作用。

Sensor Module

　　由於直接安裝在輪胎(正確地說是輪胎內側的車輪)上，所以可以儘快地透過安裝在車體上的感測器擷取資訊，其中的時間差約為 0.15~0.25 秒。假設車速為 100km/h，那麼大概可以早 7m 傳遞相對應的資訊。僅僅如此就可以儘早地進行控制，所以為了保持車輛的穩定性，是非常有效的。

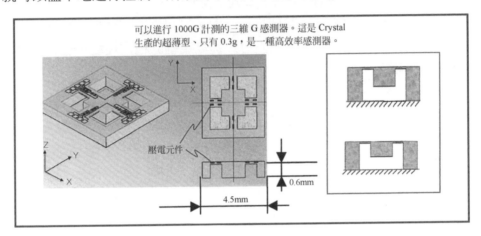

可以進行 1000G 計測的三維 G 感測器。這是 Crystal 生產的超薄型、只有 0.3g，是一種高效率感測器。

壓電元件

0.6mm

4.5mm

　　因為需要直接安裝在輪胎上，所以採用了薄型、輕量化的 G 感測器，重量大約為 0.3g。儘管如此，可以擷取的資訊量卻是極為龐大，可說是一種可以檢測出微小變化的高靈敏度感測器。可以擷取到車輛的運動變化的細節，透過輪胎的運動變化，詳細地識別路面的摩擦係數變化、以及路面的狀況等。

　　橫濱橡膠在 2003 年，實現了用於卡車、公車用的氣壓監控系統"HiTES"的實用化，同時 2004 年推出了用於轎車的

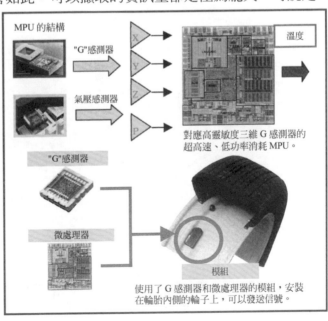

MPU 的結構

"G"感測器

氣壓感測器

溫度

對應高靈敏度三維 G 感測器的超高速、低功率消耗 MPU。

"G"感測器

微處理器

模組

使用了 G 感測器和微處理器的模組，安裝在輪胎內側的輪子上，可以發送信號。

"AIR Watch"，作爲輪胎廠家，致力於輪胎氣壓的監控系統的實用化。在輪胎上安裝了直接可以檢測出壓力和溫度的感測器，在其延伸領域上開發出來的就是"下一代輪胎監控系統"。

■ "下一代輪胎監控系統"的廣泛應用

透過把這種監控系統組裝到車輛當中，可以擷取到各種行駛狀態下、車輛狀態的詳細變化，所以不僅僅可以提高車輛的穩定性能，也可以實際地應用到車輛開發方面。

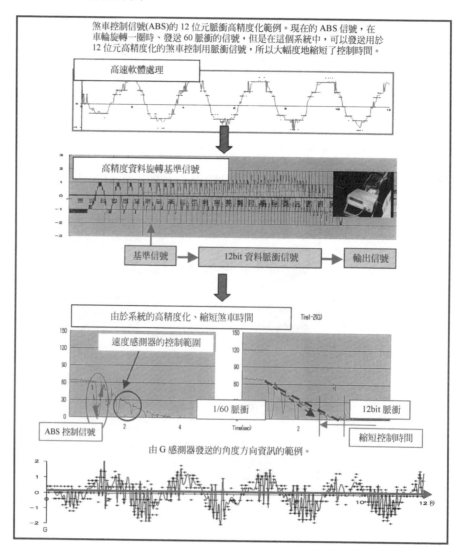

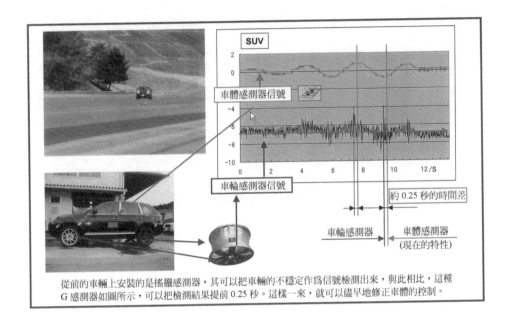

從前的車輛上安裝的是搖擺感測器，其可以把車輛的不穩定作爲信號檢測出來，與此相比，這種 G 感測器如圖所示，可以把檢測結果提前 0.25 秒。這樣一來，就可以儘早地修正車體的控制。

　　現在的情況是，在轉彎時產生的車輛不穩定等的資訊，只要沒有發生明顯的迴旋或是側滑，全憑駕駛者根據自己的感應進行評價。安裝了這種"下一代輪胎監控系統"的開發車輛當中，如果可以在行駛時分析得到的資料，那麼就可以三維地擷取車輛狀態變化的細節。

　　從前人們可以透過這個系統給出的資訊，根據測試中駕駛者在行駛當中處於轉彎時的感覺、並表現出這些感覺，確認車輛的行動和變化，以便可以進行客觀地評價。例如，以這種感測器給出的資料爲基礎、可以得到比以前更多的、在追尋懸架系統的開發、或是底盤性能等方面的方向性線索。

　　進一步說，在市面銷售的車輛上裝載的車輛控制裝置中，使用了這種輪胎監控系統，可以發揮比以前更高的功能。

　　現在，各廠家開發的、實用化的防側滑系統的安裝率不斷增加，日本現在才有百分之十左右的安裝率。但是，今後是一定會被普及的，人們要求這種系統會進化得比從前更好。

　　在這種含義下，對"下一代輪胎監控系統"的期待很大。如果是安裝在輪胎上的類型的話，那麼資訊量比其他感測器更大幅度增加，作爲具有高速、高精密顯示功能的輪胎和電子控制技術相互融合，可以做出很大的貢獻。

現在已經開始面對實用化，透過把系統裝載在車輛上，進行駕駛測試。但是，還沒有達到和汽車廠家共同開發的程度，橫濱橡膠的研究隊伍還處於自行開發的階段。如果達到了某種水準的話，則可以積極地向汽車廠家提出關於這種系統的方案。

≣ 4.開發鄧祿普這種非石油資源的輪胎

曾經使用天然橡膠製成的輪胎，現在用的是合成橡膠，可以說這些材料中很大程度都依賴於石油。汽車在全世界普及的現在，每年生產的輪胎達到 10 億 2500 萬個。生產這些輪胎所需的石油無論如何也需要 400～500 千萬升。

為此，在生產及銷售鄧祿普輪胎的住友橡膠當中，開發出了使用石油資源的比率較小的輪胎，同時也起動了耗油量性能方面具有優勢的輪胎的開發專案，並且為其實用化設置了目標。從其 2006 年 3 月發售新輪胎的計畫可以看出，開發是很順利的。

◳ 重新認識天然橡膠的特性

汽車廠家在混合動力汽車等的實用化、以及開發低耗油量車型的方面投入了力量，作為輪胎廠家可以做出貢獻是開發非石油資源的輪胎，住友橡膠在積極努力著。

在現在輪胎所使用的原材料當中，百分之五十六都是石油資源，非石油的資源佔據百分之四十四，所以對石油的依賴性有著很強的趨勢。

最開始的時候，百分之百使用的是從天然資源的橡膠樹中提取的天然橡膠，到了 1950 年代，伴隨汽車不斷的高性能化，出現了天然橡膠製成的輪胎支援不了的性能。為此，以石油為原料的合成橡膠和碳素成為了輪胎橡膠部分的主原料。其後，由於進一步要求性能提高，偏平輪胎成為了主流。

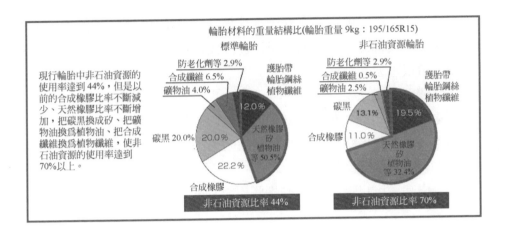

輪胎材料的重量結構比(輪胎重量 9kg：195/165R15)

標準輪胎

非石油資源輪胎

現行輪胎中非石油資源的使用率達到44%，但是以前的合成橡膠比率不斷減少、天然橡膠比率不斷增加，把碳黑換成矽、把礦物油換為植物油、把合成纖維換為植物纖維，使非石油資源的使用率達到70%以上。

防老化劑等 2.9%
合成纖維 6.5%
礦物油 4.0%
護胎帶
輪胎鋼絲
植物纖維
12.0%
碳黑 20.0%　20.0%
天然橡膠
矽
植物油
等 50.5%
22.2%
合成橡膠

非石油資源比率 44%

防老化劑等 2.9%
合成纖維 0.5%
礦物油 2.5%
護胎帶
輪胎鋼絲
植物纖維
碳黑　13.1%　19.5%
合成橡膠 11.0%
天然橡膠
矽
植物油
等 32.4%

非石油資源比率 70%

　　在這個過程中，於要求降低耗油量、所以開發出可以降低旋轉阻力的輪胎。在開發過程中，查明了旋轉阻力會使輪胎橡膠內部發熱，為了減少發熱，就需要削減旋轉阻力。

　　發熱比較少的是天然橡膠。為此，這就成為人們關注天然橡膠，活用這種非石油資源、起動輪胎開發專案的契機。

　　為了最佳化地球環境，實現可以持續發展的車輛社會，在什麼地方可以減少石油的使用，是具有挑戰性的一個課題。

　　從 2001 年開始，人們就開發了非石油資源的輪胎。開發的主要目的，在於大幅度地減少輪胎所使用的原材料中石油佔據的比率，以圖透過輪胎比以前更多的削減耗油量。

2003 年東京車展上展示的鄧祿普的非石油資源輪胎。

大幅度減少石油使用量的鄧祿普的"ENASAVE801"輪胎。

開發的目的

　　從輪胎外部可以看到的、被稱為聚合物的橡膠部分、是用輪距橡膠和側邊壁橡膠製成的，在橡膠補強劑中使用了炭黑。為了幫助這些合成橡膠和碳素融合、使用了礦物油，在內部使用合成纖維作爲補強輪胎的材料。
無論哪一種原料都使用了石油，所以這些代替石油、增加佔據的比例的材
料，就變得很重要。

作爲開發的概念：

1. 透過活用非石油資源，有效地活用有限制的石油資源。

2. 透過發揮天然橡膠減少耗油量方面的優勢，對削減石油使用量、削減
   CO_2 的排放做出貢獻。

3. 透過提高從可以吸收 CO_2 的橡膠樹得到的天然橡膠的使用率、保護環
   境。

原產於東南亞的橡膠樹。

一開始的時候，對天然橡膠進行加工是很難
的，由於橡膠分子的振動很小、所以難以提高抓
地力。爲此，增加了石油類原材料的比例，這種
材料的品質性能管理較爲容易。合成橡膠的分子
不像天然橡膠那麼單純，可以使用枝葉般附著的
苯環，使橡膠分子振動，由此來提高抓地力。因
此，爲了提高天然橡膠的使用比率，條件是擁有
使橡膠分子振動的結構，就像合成橡膠所擁有的
分子模式一樣。

經過各種嘗試，成功地製成了黏著了環氧基
的分子模式，其可以代替合成橡膠的苯環、使橡
膠分子振動。據此，透過振動橡膠分子，可以確保輪胎性能中最爲重要的
抓地力。

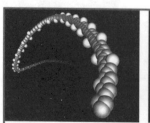

橡膠分子的概念圖。左邊是單純的天然橡膠分子。中間是合成橡膠分子
，透過苯環振動橡膠分子。右邊以天然橡膠爲基礎、結合了環氧基。

進一步說，可以使用二氧化矽代替爲了補強橡膠、從石油中提取起的炭黑。二氧化矽最早的時候以陶瓷及玻璃爲原料，從水晶或是石英等中提取的天然原材料。

另外，也可以使用植物性的油代替所用的礦物油、進而減少了石油的使用比率。如果輪胎內的補強材料不使用合成纖維、而是用植物性纖維來代替的話，也會取得同樣的效果。

開發中的突破

爲了使使用改質天然橡膠的輪胎實用，主要有以下三個課題。

1. 提高濕地上的抓地力，
2. 確保耐久性，
3. 確保生產穩定性。

其中，關於 1.提高抓地力，可以透過把苯環轉換爲環氧基，變化天然橡膠的 DNA，關於 2.確保耐久性，要求製成均質的橡膠。如果橡膠不是均質的話，則會產生裂紋，就得不到好的耐久性。爲了防止這種結果，不得不修正橡膠的揉搓技術、保證均一性。進一步說，關於 3.生產穩定性，在精煉橡膠的輪胎成型階段中，爲了確保尺寸穩定性，必須控制生產技術。這就要要求生產技術的突破。

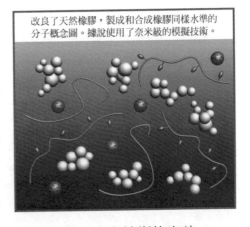

改良了天然橡膠，製成和合成橡膠同樣水準的分子概念圖。據說使用了奈米級的模擬技術。

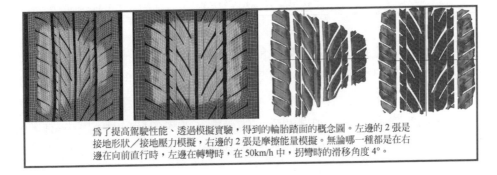

爲了提高駕駛性能、透過模擬實驗，得到的輪胎踏面的概念圖。左邊的 2 張是接地形狀／接地壓力模擬，右邊的 2 張是摩擦能量模擬。無論哪一種都是在右邊在向前直行時，左邊在轉彎時，在 50km/h 中，拐彎時的滑移角度 4°。

透過這些努力，2006 年在市面上銷售的非石油資源的輪胎中，把從前非石油材料使用比率的百分之四十四、提高爲百分之七十。開發的目標是在 2008 年把這個比率提高爲百分之九十七。

輪胎中可以實現的削減耗油量

還有一些減少旋轉阻力的方法，這些方法卻不能忽視輪胎花紋設計帶來的影響。爲此，人們在開發 DIGI TYPE 時，活用前期積累的專有知識，追求的是減少旋轉阻力的設計圖案。據說把具有方向性的圖案設計爲 V 字型，就可以減少旋轉阻力，但是如何設計這種微妙的圖案，卻想破大腦。

進一步說，在圖案的左右適當地設置橫槽，不用把圖案設置爲非對稱的、就可以產生降低噪音的效果。爲了最佳化濕地性能，增加了粗鋼絲胎體、抑制輪胎打滑。同時，爲了使乾燥時的性能變好，提高了從中心直至肩部的一部分區塊的剛性。

和從前相比、透過降低旋轉阻力、由輪胎削減的耗油量可以削減百分之三十。

爲了減少耗油，考慮到了空氣動力的 ENASAVE801 輪胎。取消了輪胎壁上部的槽以及渲染。

爲了降低旋轉阻力，如胎面圖案的白色、對橫向群組角度進行最佳化。此外還可以降低噪音，也設計爲考慮到堅固性能的圖案。

在擋泥板下面的輪胎中也流過了空氣，所以也有產生阻力的地方。

另外，也考慮到如何減少輪胎的阻力。如果空氣產生向後方流動的漩渦時，那麼空氣阻力就會變大，爲了減少輪胎所要抵抗的空氣的散亂，則需消除側邊壁上側的膨脹，從前面看起來，就好像形成了側邊近似於平坦的形狀，同時取消旋回到側邊壁爲止的溝槽，透過輪胎的標記等裝飾，消除鼓出的部分，以求平坦化。從前的開發當中，從未意識到空氣動力學，透過這樣削減空氣阻力，使(降低消耗的)效果提升到可以和一面門鏡匹敵。當然，減小空氣阻力也會對降低耗油量產生效果。

在 2003 年的東京車展中，展示了這種作為近未來輪胎的非石油資源輪胎，在 2005 年的車展中，宣佈 2006 年實現市面銷售。

實際上，雖然已經把混合動力汽車、耗油量性能優先的車輛作為專用車輛進行了銷售，但是還沒有達到量產的階段。所謂的銷售，就是為了量產而進行的開發，但是由於成本方面價格太高等，所以還存留了一些課題。

順便一提，透過把非石油資源比例設置為百分之七十，如果生產 10 億個輪胎的話，那麼可以節約的量，每年就可以達到 691.5 萬公升。相當於 5.6 個東京 dome 容積的量，相當於一艘大型油輪裝載的 23.1%。相當於總石油產量的 0.15%。這其中，也計算了空氣阻力等的削減部分。

▄▌ 米其林在環境方面的努力

米其林公司作為最先量產汽車用充氣輪胎的廠家，在致力於解決環境問題方面採取了獨自的行動。

構成輪胎的天然橡膠，是從熱帶國家種植的帕拉橡膠樹中產出的，米其林在非洲和巴西等地，種植了大約有 1,600 萬棵帕拉橡膠樹。從這些樹上採取的天然橡膠，只夠米其林需要量中極其有限的一部分，為了確立提高產量的農耕技術，米其林公司在不斷進行栽培。

據說米其林透過向產出全世界天然橡膠生產量 85%的小規模生產商傳授技術，努力地保護著天然橡膠的穩定供應和生產商們的生活，並且守衛著橡膠樹生長的綠色地帶。現在，天然橡膠全世界的年產量約為 650 萬噸。其中 70%用於輪胎產業。

米其林很早就注意到天然橡膠有著卓越的耐熱性，並不斷努力地把這種特性發揮在輪胎上。在增加天然橡膠使用比率的同時，聯合橡膠產業中的同仁，從石油中提煉得到可以提高耐久性的炭黑，1992 年之後，米其林引進了把炭黑作為補強劑的"二氧化矽"。這樣就可以降低旋轉阻力，並且成功地提高了在濕潤路面中的抓地力、控制性、還有煞車這種輪胎的基本性能。

同時在輪胎的生產工廠當中，為了使自己的工廠成為環保型工廠，積極地進行著投資，例如削減用水總量等，不斷提高著能量效率。

≡ 5.開發實心輪胎

最後，讓我們看一看在未來輪胎的存在方式方面，人們都做了什麼樣的努力。

1888 年，英國的牙科醫生 J‧B‧鄧祿普為了孩子發明瞭充氣輪胎，顯著地提高了自行車的乘坐感。汽車輪胎初期使用的是固體橡膠，是逐漸轉為使用充氣輪胎的。

從那之後，人們使用了難以爆胎的軟管輪胎，這種輪胎依舊可以利用空氣、發揮彈力作用，得到更佳的乘坐感。被橡膠密封的空氣，並不是任何時候都可以保持固定的量，所以必須進行調試，確認如何才能保持固定的量，以圖解決爆胎這種麻煩事。根據米其林的調查顯示，即使現在爆胎事件大幅度減少，但是平均一位駕駛者每 7 年也會遇到一次爆胎。

為此，如果可以生產沒有空氣的輪胎，就可以劃時代地改善輪胎的維修。駕駛者幾乎可以不做什麼事情，也許輪胎的結構也不會那麼複雜。根據上述的情況，以使用 10 年以上為目標，米其林在向開發兩種不同的、沒有空氣的輪胎提出挑戰。

┗ 連米其林車輪都沒有的"Tweel"

所謂 Tweel，就是輪胎(Tyre)和車輪(Wheel)形成的合成語。就像這個名稱所表示的那樣，這是一種使輪胎和車輪一體化、去除空氣的輪胎。保持了柔軟的襯墊性，以求在不變形的前提下確保抓地力，其作為具有彈力的車輪一部分、在可以靈活變形的輪輻部分、保證柔韌性和剛性，以及強度。為此進行的開發已經在位於北美的米其林研究開發中心進行著。

成為契機的，據說是前幾年人們注意到如果大幅度抑制速度、減少載荷的話，那麼即使氣壓為零的輪胎，也可以在任何時候行駛。首先，低速低載荷的車輛，可以使用氣壓為零的輪胎行駛，透過這個結果，人們意外地感受到：依靠不使用空氣的輪胎行駛，並不像想像中那麼難。

輪胎中的輪輻可以和彈力車輪一起變形，這些構成了一個單元，所以不需要拆卸輪胎，也不會損傷側邊壁或是輪子。由於結構簡單，所以無需維修。

透過把彈力給到車輪部分，以求和無需空氣時達到同樣乘坐效果而開發的米其林"Tweel"

為了在氣壓為零的情況下、和充氣輪胎具有同等的性能，為了在力學上支撐載荷、吸收衝擊，需要有適度地變形，力求適應路面的各種變化、舒適地行駛。為了設計出高性能的轎車，還存在很多的課題，首先人們開發了名為"iBOT"的輪胎，這種輪胎很先進、可以用在輪椅上，透過使用這種輪胎實現的行駛，可以探尋出一種方向性。

下一個步驟，就是致力於可以一邊低速行駛、一邊負擔載荷的業務用車輛中使用的"Tweel"。現在人們正在研究用於建築機械方面的輪胎。在這個階段中，已經開發了第二代 Tweel，並在歐洲各地進行著各種試駕。

在開發的過程中，和從前的輪胎開發不同，人們判斷出主要需要分別調試控制乘坐感的縱向剛性、以及控制駕駛或轉彎的橫向剛性。為此，需要使新型輪胎達到充氣輪胎達不到的功能。

以這種成果為基礎，米其林計畫在 10 年或是 15 年之後，在轎車上裝載被稱為"Tweel"的輪胎。可以發揮一直以來積累的、卓越的駕駛反應性能，並把輪胎的旋轉阻力或是重量的差異，縮小在百分之五以內。

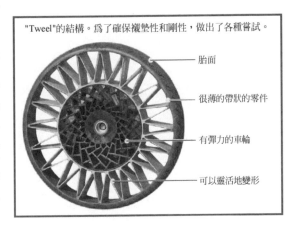

"Tweel"的結構。為了確保襯墊性和剛性，做出了各種嘗試。

- 胎面
- 很薄的帶狀的零件
- 有彈力的車輪
- 可以靈活地變形

米其林的無空氣輪胎

還有一種實心輪胎，像以前的輪胎一樣嵌入車輪裏，基本上其結構可以進一步地提高防爆輪胎的性能。

胎面

放射狀的帶

米其林的實心輪胎。和從前的
輪胎一樣，都安裝在車輪上。

透過控制前後方向、縱方向、橫方向的
柔軟度，代替作為彈性緩衝的空氣。這樣一
來就可以得到和使用充氣輪胎同等的車輛
安全性，在車輛行駛的時候也可以確保舒適
性。放射狀結構部分使用了高性能複合材
料，和同路面接觸的、橡膠製成的輪胎花紋
黏接在一起。

由於不斷使用，所以被黏結的輪胎花紋
部分會被磨耗，對這個部分進行重新填補的
話，就又可以成為一個新的輪胎。支撐這個輪胎的放射性結構部分，需要
確保和汽車壽命具有同樣程度的耐久性。

關於這一點，並不是馬上可以實用化的，但作為未來的技術，在不斷
進行著研究開發。

23671 新北市土城區忠義路21號

全華圖書股份有限公司

行銷企劃部　收

廣　告　回　信
板橋郵局登記證
板橋廣字第540號

歡迎加入 全華會員

● 會員獨享

會員享購書折扣、紅利積點、生日禮金、不定期優惠活動…等。

● 如何加入會員

填妥讀者回函卡直接傳真 (02) 2262-0900 或寄回，將由專人協助登入會員資料，待收到 E-MAIL 通知後即可成為會員。

如何購買 全華書籍

1. 網路購書

全華網路書店「http://www.opentech.com.tw」，加入會員購書更便利，並享有紅利積點回饋等各式優惠。

2. 全華門市、全省書局

歡迎至全華門市（新北市土城區忠義路21號）或全省各大書局、連鎖書店選購。

3. 來電訂購

(1) 訂購專線：(02) 2262-5666 轉 321-324
(2) 傳真專線：(02) 6637-3696
(3) 郵局劃撥（帳號：0100836-1　戶名：全華圖書股份有限公司）
※ 購書未滿一千元者，酌收運費 70 元。

OpenTech.com.tw 全華網路書店

全華網路書店 www.opentech.com.tw
E-mail: service@chwa.com.tw

※ 本會員制如有變更則以最新修訂制度為準，造成不便請見諒。

讀者回函卡

填寫日期：　／　／

姓名： 　　　　　　　　生日：西元　　　年　　　月　　　日　性別：□男 □女

電話：（　　）　　　　　　傳真：（　　）　　　　　　手機：

e-mail： (必填)

註：數字零，請用 Φ 表示，數字1 與英文 L 請另註明並書寫端正，謝謝。

通訊處：□□□□□

學歷：□博士 □碩士 □大學 □專科 □高中・職

職業：□工程師 □教師 □學生 □軍・公 □其他

學校／公司：　　　　　　　　　　科系／部門：

・需求書類：
□A. 電子 □B. 電機 □C. 計算機工程 □D. 資訊 □E. 機械 □F. 汽車 □I. 工管 □J. 土木
□K. 化工 □L. 設計 □M. 商管 □N. 日文 □O. 美容 □P. 休閒 □Q. 餐飲 □B. 其他

・本次購買圖書為：　　　　　　　　　　　　　　　　書號：

・您對本書的評價：
封面設計： □非常滿意 □滿意 □尚可 □需改善，請說明
內容表達： □非常滿意 □滿意 □尚可 □需改善，請說明
版面編排： □非常滿意 □滿意 □尚可 □需改善，請說明
印刷品質： □非常滿意 □滿意 □尚可 □需改善，請說明
書籍定價： □非常滿意 □滿意 □尚可 □需改善，請說明
整體評價：請說明

・您在何處購買本書？
□書局 □網路書店 □書展 □團購 □其他

・您購買本書的原因？ (可複選)
□個人需要 □幫公司採購 □親友推薦 □老師指定之課本 □其他

・您希望全華以何種方式提供出版訊息及特惠活動？
□電子報 □DM □廣告 (媒體名稱)

・您是否上過全華網路書店？ (www.opentech.com.tw)
□是 □否 您的建議

・您希望全華出版那方面書籍？

・您希望全華加強那些服務？

～感謝您提供寶貴意見，全華將秉持服務的熱忱，出版更多好書，以饗讀者。

全華網路書店 http://www.opentech.com.tw

客服信箱 service@chwa.com.tw

2011.03 修訂

親愛的讀者：

感謝您對全華圖書的支持與愛護，雖然我們很慎重的處理每一本書，但恐仍有疏漏之處，若您發現本書有任何錯誤，請填寫於勘誤表內寄回，我們將於再版時修正，您的批評與指教是我們進步的原動力，謝謝！

全華圖書 敬上

勘 誤 表

書　號		書　名	作　者
頁　數	行　數	錯誤或不當之詞句	建議修改之詞句

我有話要說：(其它之批評與建議，如封面、編排、內容、印刷品質等・・・)